化工建设工程质量
策划方案编制
指导手册

中国化工建设企业协会　　组织编写

HUAGONG JIANSHE GONGCHENG ZHILIANG
CEHUA FANGAN BIANZHI
ZHIDAO SHOUCE

化学工业出版社

·北京·

内容简介

本书系统阐述化工建设工程质量策划方案的编制方法、步骤及内容要求，内容涵盖三大部分。第一部分为编制指导手册概述，是对手册编制、使用及质量策划方案编制步骤的总体说明；第二部分为质量策划方案编制大纲，是指导质量策划方案编制的核心内容，共十六章，其中第一～第五章和第十二～第十六章为共用部分，第六～第十一章是针对建设、勘察、设计、施工、监理、工程总承包等责任主体制定的专项部分；最后一部分是附录，提供了 6 个典型案例，供参考应用。

本书遵循以项目为核心、以建设单位为统领、以各参建方为责任主体的原则，围绕项目建设全生命周期，指导化工建设参建方（建设、勘察、设计、施工、监理、工程总承包等）的各级项目管理人员，编制系统、完整、科学、协调一致的质量策划方案。

图书在版编目（CIP）数据

化工建设工程质量策划方案编制指导手册／中国化工建设企业协会组织编写. -- 北京：化学工业出版社，2025. 9. -- ISBN 978-7-122-48652-3

Ⅰ. TU745.7-62

中国国家版本馆CIP数据核字第2025AJ0314号

责任编辑：林　洁　傅聪智　仇志刚

责任校对：边　涛　　　　　　装帧设计：王晓宇

出版发行：化学工业出版社
　　　　　（北京市东城区青年湖南街 13 号　邮政编码 100011）
印　　装：中煤（北京）印务有限公司
787mm×1092mm　1/16　印张 7¼　字数 144 千字
2025 年 8 月北京第 1 版第 1 次印刷

购书咨询：010-64518888　　　　售后服务：010-64518899
网　　址：http：//www.cip.com.cn

编 委 会

主　　任：施志勇

副 主 任：郑建华　孙愉美　张晓光

主　　编：范学东　汤志强

副 主 编：贾光伟　杨中军　程书昌　刘友志

　　　　　潘新宇　陈敬杰　王运运　白　兵

参编人员：陈银川　李丽红　王方正　尤苏南　汪明华

　　　　　黄志伟　冯圣余　燕海银　高慧娟

编 写 单 位

组织编写单位：中国化工建设企业协会

主 编 单 位：中国天辰工程有限公司

　　　　　　　惠生工程（中国）有限公司

　　　　　　　化学工业第一勘察设计院有限公司

　　　　　　　中国化学工程第三建设有限公司

　　　　　　　上海化工工程监理有限公司

参 编 单 位：中国五环工程有限公司

　　　　　　　东华工程科技股份有限公司

　　　　　　　长沙华星建设监理有限公司

　　　　　　　中化学土木工程有限公司

　　　　　　　中化二建集团有限公司

　　　　　　　陕西化建工程有限责任公司

　　　　　　　中国化学工程第十一建设有限公司

前 言
PREFACE

　　为贯彻落实《中共中央　国务院关于开展质量提升行动的指导意见》和国务院办公厅《关于促进建筑业持续健康发展的意见》精神，进一步提升化工建设工程质量管理水平，指导化工建设工程质量策划工作，特编制《化工建设工程质量策划方案编制指导手册》（以下简称手册）。

　　做好工程项目质量策划是工程项目质量管理的重要内容，一个好的质量策划对提升项目质量管理水平，保证工程项目质量要求并顺利建成至关重要。近年，随着化工建设行业的快速发展，在工程建设过程中，不同程度存在着资源投入不均衡，管理人才快速更迭的情况，带来质量策划方案编制不够科学系统，不够深入全面，参建各方不够协调统一等现象，影响了化工项目建设的质量提升和行业的高质量发展。为指导各参建单位科学编制覆盖建设项目全生命周期的质量策划方案，中国化工建设企业协会组织业内专家，在认真调查研究，广泛征求行业内各方意见的基础上，经过多次研讨和修改完善，编制了本手册。

　　鉴于化工建设工程的复杂性，项目管理模式的多样性以及编制经验的不足，本手册的编制无法覆盖所有项目管理模式，也难免存在疏漏，故在指导编制项目质量策划方案上的深度和广度或有不足，希望各单位在参考使用本手册时，认真总结经验，及时反馈发现的问题，提出改进建议，以利于手册的再版更新。

中国化工建设企业协会

2025 年 6 月

目 录
CONTENTS

第一部分　编制指导手册概述

第二部分　质量策划方案编制大纲

第一部分

编制指导手册概述

一、本手册编写说明

化工建设工程由于其系统性强，每个项目具有独特性，且工程建设所涉及的专业众多，建设管理的模式多样，不同项目的责任主体构成不同等，形成了化工建设工程的复杂性和多样性，这对化工建设工程质量策划的编制提出了更高的要求。

化工建设工程质量策划是工程建设整体水平的质量策划，是从项目立项到交付投产使用全生命周期的质量策划，是包括建设、勘察、设计、施工、工程总承包、监理等各参建责任主体共同参与的质量策划，是涵盖了设计水平、创新水平、实体质量水平、绿色施工水平、项目管理水平等的质量策划。

化工建设工程质量策划方案旨在遵循化工建设工程特点，以保障生产工艺的实现为核心，以保证化工工程本质安全为前提，在确保工程质量符合标准规范的基础上，起到进一步提升工程建设质量水平的作用。

《化工建设工程质量策划方案编制指导手册》（以下简称：手册）在编写过程中充分考虑了化工项目从立项、可研、设计、施工到投产和交付运行，所涉及的参建单位众多，各阶段工程技术复杂且相互关联又相对独立的特点，质量策划的编制应既有整体思考，又能体现各自特色，让各责任主体在编制质量策划方案时，能够根据各自的责任范围，围绕项目共同构建起自上而下协调一致的质量保证体系。为此，本手册的编制遵循以项目为核心、以建设单位为统领、以各参建方为责任主体的原则，将手册的内容结构分为公用部分和专项部分。既体现了本手册的整体性和同一性，也对不同责任主体在编制质量策划方案时给出了针对性的指导，避免不必要的内容重复，保证了手册的系统完整和简洁，方便读者使用。

二、质量策划方案编制步骤

（1）建立质量策划方案编制组织

项目立项后，建设单位以项目为核心，以建设单位为统领，分阶段组织建立建设、勘察、工程总承包、设计、施工、监理等责任主体自上而下的质量策划方案编制工作小组，根据质量策划的范围确定各岗位的职责和任务分工，并建立各小组内部及外部相关方的沟通协调机制。

（2）确定项目质量管理目标

建设单位牵头，研究确定工程项目总体建设质量管理目标，并传达至参建责任主体，参建各责任主体根据工程建设总体质量管理目标，与建设单位协商确定各自承担范围内的质量管理分解目标。

（3）项目信息收集和分析

项目参建各责任主体组建质量策划方案编制小组，编制前应对项目相关信息收集和分析，包括：工程建设内容，法律法规要求，工程特点难点；应执行的标准体系，需要执行的相关国家和行业标准、规范，分析人力、物力、财力、设备等资源配置需求；识别、评估可能影响质量的内部、外部风险及风险管控措施。

（4）质量策划方案的编制

质量策划方案编制小组根据建设单位总体质量管理目标要求，结合项目信息收集和分析情况，按照本手册的指导，确定项目质量保证体系，研究质量控制点设置方案、检测计划、验收标准、验收程序，制定质量保证控制措施，拟定项目质量策划编制大纲，组织质量策划方案的编制工作。

（5）质量策划方案的审批

参建各责任主体，首先根据各自企业管理流程和制度规定，对质量策划方案进行内部审批，然后按照项目管理程序报监理、建设单位审批，确保质量策划方案与建设单位及相关各方协调一致，保证质量策划方案的合理性和可行性。

（6）质量策划方案的实施与改进

经批准的质量策划方案，参建各责任主体应组织相关人员进行培训宣贯，并认真实施，根据实际执行情况，定期或不定期对评估质量策划方案的实施效果进行评估，发现问题及时调整或优化，根据工程进展实施动态管理，并不断调整完善方案，及时发布升级版质量策划方案。

三、本手册使用说明

本手册第一部分为编制指导手册概述，作为总纲性说明，明确质量策划方案编制步骤、使用方法及行业规范要求。第二部分为质量策划方案编制大纲，共包含十六章内容，分参建各责任主体共用部分和专项部分。具体分为通用管理框架（一～五章）；专项章节（六～十一章）涵盖建设、勘察、设计、施工、总承包、监理等不同责任主体方案编制的专项要求；以及共用部分（十二～十六章），涉及资料归档、科技创新、绿色建造、成果总结等；最后一部分为附录提供了六个专项策划案例以供参考，如项目可行性研究、工程地质勘察、质量检验试验、试车阶段质量策划、施工质量提升（创优）、工程交付说明书等。

本手册适用于采用平行发包或 EPC 工程总承包模式的化工建设工程建设单位。由于化工建设工程管理模式较多，其他模式也可借鉴参考。

项目参建各方责任主体编制的质量策划方案，其内容及要求应以建设单位为核心，上下协调一致。各单位在编制质量策划方案时，应按照质量策划方案编制大纲先后顺序依次选取编制内容，形成完整的质量策划方案。

本手册是质量策划方案的指导手册，并非质量策划方案模板，它旨在指导编制单位如何确定编制的章节条款，应体现什么内容，如何分析内容并准确表述。在编制质量策划方案时，编制单位应遵循质量策划方案编制步骤要求，认真研究并分析项目的具体情况，从而有效地组织并开展编制工作。

本手册仅对化工建设工程项目质量策划提供指导，项目在组织项目质量策划时，要充分分析项目建设的特点，结合当地资源、劳动力水平及建设投资情况，在有限的资源条件下，以符合设计标准、规范为基本遵照，以遵守国家行业建设标准规范的强制性条款为质量底线，在确保建设合格的化工工程的基础上，以规范化的作业为样板，致力于消除质量隐患、减少质量通病，全面提升化工建设工程质量水平，进而制定切实可行的质量策划方案。

第二部分

质量策划方案编制大纲

第一章　编制说明

第一节　编制目的

主要包括：质量策划方案编写目的、意义及内容简介等。

第二节　适用范围

质量策划方案应阐述其适用范围。

如：由建设单位编制的质量策划，范围就应包括工程建设的所有内容；总承包单位编制的质量策划，范围就是总承包单位所包含的工程建设内容；施工总承包单位编制的质量策划，范围就是施工总承包的建设内容。

第三节　编制依据

主要包括法律法规、标准、规范和操作规程、项目许可文件、核准或备案内容、合同要求、设计与图纸、施工组织设计、创优规定、建设单位的创优要求、与产品（或过程）有关的质量标准要求、质量管理体系文件等。如：

《建设工程质量管理条例》

《建设工程勘察质量管理办法》

《建设工程质量检测管理办法》

《关于推进全过程工程咨询服务发展的指导意见》（发改投资规〔2019〕515 号）

《质量管理体系要求》（GB/T 19001）

《工程建设施工企业质量管理规范》（GB/T 50430）

《建设工程项目管理规范》（GB/T 50326）

《建设项目工程总承包管理规范》（GB/T 50358）

《工程建设勘察企业质量管理标准》（GB/T 50379）

《工程建设设计企业质量管理规范》（含条文说明）（GB/T 50380）

《岩土工程勘察规范》（GB/T 50021）

《建设工程监理规范》（GB/T 50319）

《设备工程监理规范》（GB/T 26429）

《石油化工装置设计文件编制标准》（GB/T 50933）

第二章　项目概况

第一节　工程建设内容

工程总承包、勘察、设计、施工、监理主要编写各单位承包范围内的内容。

其主要包括：工程建设规模、投资额、主要生产单元等。

第二节　工程设计理念及建设意义

重点阐述工程设计理念的独特性和创新性，并突出工程建设的经济和战略意义。

如：本项目以100万吨/年乙烯装置为"龙头"，新建17套石油化工装置及配套工程。按"一体化、清洁化、高端化"的原则规划设计，通过产品高端化、工艺技术及设备国产化、绿色环保化等创新设计，使得项目主要技术指标总体上优于国内同类装置，达到国际先进、国内领先水平。这不仅进一步完善了国家能源产业布局，且大力助推了项目所在省及周边省市经济发展和能源战略的转型升级。

第三节　专业工程概况

一、土建工程概况

主要包括：主要建筑物、构筑物规模，地基与基础、建筑物的主体结构，设备基础，混凝土管道支架及支墩，水池及储罐基础，屋面工程，装饰工程，以及主要工程结构类型等。例如：本工程含有土方量××立方，灌注桩××根，混凝土××立方，钢筋××吨，主要构筑物为中央控制室、造粒塔、机柜间、变电所、办公楼、水池等。

二、钢结构工程概况

主要包括建筑钢结构和设备框架承重钢结构。例如：本项目气化框架钢结构建筑总面积约为 ×× 平方米，高度从 ×× 米至 ×× 米不等，采用箱型柱、H 型钢梁等主要构件，总用钢量达 ×× 吨等。

三、设备安装工程概况

主要包括设备类型、数量、特殊关键设备情况等。例如：本项目静设备如塔类、容器储罐、换热器等约 ×× 台，动设备如泵类、压缩机等约 ×× 台。概况中须列出大型塔器重量、高度及大型压缩机的规格型号。

四、管道工程概况

主要包括管道工程安装材质、压力等级分类以及重点管道情况等描述。例如：本项目管道共有 ×× 米，焊口 ×××× 万达因。管道主要材质有碳钢、不锈钢、合金钢、低温钢、P91 合金钢等。

五、防腐、绝热、筑炉工程概况

主要介绍项目防腐、绝热、筑炉形式、工程量等内容。例如：本工程为某化工企业储罐区防腐项目，涉及 10 座大型储罐及相连管道。工程主要包括对储罐内外壁进行除锈处理，采用高性能环氧树脂涂料进行涂装，确保漆膜厚度均匀，达到防腐要求。

六、电仪工程概况

主要介绍项目采用的控制系统、总变和分变电情况，主要实物工程量。例如：本项目共有电气工程量变压器 ×× 台、配电柜 ××× 台、电缆电线 ×××× 米；电信工作量含电信器件 ××× 套、配管 ×××× 米、电缆电线 ×××× 米等。

七、其他工程概况（通信、可视化、消防等）❶

第四节　工程特点、难点和重点

工程的特点、难点及重点要从项目管理、设计、施工、绿色建造、设备材料国产化、技术难点、突破国外技术封锁等方面分析提炼。特点要明显、难点要找准、重点要突出、

---

❶ 本书中此类只有标题无具体内容的，为建议编制内容模块，具体内容由方案编制人自行拟定，不再展开。全书同。

数据要量化，并针对特点、难点及重点制定相应的对策和措施，从而使工程难点变成工程亮点。

一、项目管理方面

应从项目建设规模、复杂程度、建设环境特殊性等方面分析。

例如：某项目投资 1000 亿元建设炼化一体化项目，建设单体生产装置多，工艺复杂，设计、施工协调难度大，工程集成技术复杂，地处北方且冬季施工时间长，是国内一次性投资建设规模最大的项目，对人员组织、设计采购、施工管理都具有挑战性。

二、设计方面

主要是从设计生产工艺的先进性、创新性、绿色性，工程设计的复杂性，设计方法的创新性等方面描述。

例如：某项目设计首次采用埃克森美孚最新灵活焦化工艺进行渣油加工，将占比88.84% 以上的原油转化成高附加值商品，95% 石油焦转化为低热值燃料气，实现了渣油无害化处理。需要突破颗粒介质引起的系统振动、566~982℃高温引起的设备管道热膨胀、低热值灵活气专业用火嘴、0.1~25μm 微粉颗粒脱除、焦粉掺烧等五大技术难题。

三、采购方面

分析项目采购的特点、重点和难点，给出有针对性的应对措施。

例如：文莱某项目。文莱没有工业基础，项目建设所需物资全部从中国采购，国内预制国外安装，远洋运输或受台风影响，资源获取与调迁异常困难。

四、施工方面

主要体现施工的复杂性、特殊性等，如：特大型设备吊装、特大型压缩机安装、特殊材料焊接、复杂控制系统调试、关键反应器、炉窑砌筑、深基坑、高大模板支撑、爬模、大体积混凝土、大型设备基础、特殊化工构筑物等方面。

例如：

① 某项目分离塔高 129.6m，直径 8.9m，重量达 2100t，为建设同期全国最高的产品分离塔。拟采用 3600t 液压门吊及 750t 汽车吊配合吊装，吊装难度大。

② 某项目核心设备——脱氢反应器采用现场制造，非标弯头制作尺寸精度控制要求高；内衬结构和仙人掌接管中的 S31008 不锈钢材料焊接难度大，易出现高温（热）裂纹及高温持久强度失效等问题；反应器接管现场组装施工难度大。

③ 某项目反应区高温管道系统运行温度高达 650℃，系统应力复杂，主要材质为 321H 耐高温不锈钢管道和 P22 合金钢管道，管道最大直径达 DN2400mm，安装精度和焊接质量要求高。

④ 装置引用安全仪表 SIS 系统、CCS 压缩机控制系统、DCS 集散控制系统、点位高达五万多个，一体化程度高、程控阀门每年动作 40000 余次，安装精度要求高，调试难度大。

⑤ 某项目水池深基坑……

⑥ 某项目框架高支模……

第五节　工程建设参建相关单位

主要包括：根据质量策划范围，明确质量策划范围的参建单位（建设、工程总承包、设计、监理、施工单位）。

施工单位编制的质量策划应包括：建设单位、总包单位、监理单位以及自己的工程分包单位、劳务分包单位。

第三章　质量方针和目标

第一节　质量方针

各质量责任主体在质量策划时要明确质量方针。

如：追求卓越，铸就经典，策划先行，一次成优等。

第二节　质量目标

建设单位和各参建单位要协调统一制订质量总体目标及分解目标。工程总承包、设计、监理、施工单位总体目标要与建设单位保持一致。在总体目标的基础上根据承揽任务、合同要求、企业有关规定等细化分解创优目标，分解目标应能够保证总体目标的实现，目标要切实可行，有高度、有竞争性。

例如：

1.总体目标

符合设计规范要求，单位工程一次合格率100%，获得化工建设工程质量水平评价5A级，获得国家优质工程奖或国家优质工程金奖。

2.分解质量目标

设计质量目标：设计达到国内先进（领先）水平，获得（几项）省部级设计奖。

科技创新目标：科技创新实现什么技术突破，获得几项科技奖。

绿色建造目标：绿色建造达到什么水平，取得什么成果。

施工质量创优目标：工程质量达到什么指标（如：单位工程一次验收合格率100%，一类桩比率90%以上，焊接一次合格率96%以上等），创建施工质量特色，施工质量达到同期领先水平。

采购质量目标：满足设计、合同、制造标准及相应规范要求，关键设备、材料质量合格率 100%；物资入库验收一次合格率≥ 97%。

安全管理目标：（由编制人员根据项目实际情况拟定）。

工期控制目标：（由编制人员根据项目实际情况拟定）。

投资（成本）控制目标：（由编制人员根据项目实际情况拟定）。

其他目标：分别按照设计奖、工程质量奖、科技奖、工法、专利、QC 成果、论文等列出分解细化清单。

第四章　组织机构及职责

第一节　组织机构建立原则

质量管理是一个综合系统工程，项目质量管理组织应涵盖建设、工程总承包、设计、监理、施工所有单位，确保体系完善，并能够得到有效运行。

建设单位应建立项目质量管理组织机构，配置质量管理人员，明确项目质量管理部门，并应涵盖工程总承包、设计、监理、施工等单位。

工程总承包单位、设计单位、施工单位、监理单位也应根据各自所承担的工程内容建立相应的组织机构。

如：工程总承包单位建立的项目质量管理组织应涵盖设计、采购、施工等各个阶段，确保体系的完整性。

第二节　质量管理相关机构及岗位职责

项目的各责任主体应按照项目的统一要求，建立各自的质量管理组织，明确组织及有关岗位人员的职责。

例如，地质勘察项目质量控制职责如下。

① 项目负责人对工程质量负全面责任；

② 审定人负责勘察纲要或施工组织设计、技术报告的复审，并对其可靠性和正确性负责；

③ 审核人负责勘察纲要或施工组织设计、技术报告的审核，并对其数据的准确性，报告的完整性和结论的可行性负责。

④ 项目技术负责人负责勘察纲要、施工组织设计和技术报告的编制，对整个工程的过程质量进行检查把关，发现问题及时处理。

⑤ 技术人员参与有关资料的整理与编制，负责野外记录和分管范围的作业质量验收，发现问题，有权令其停工并报请项目技术负责人处理。

⑥ 施工负责人对整个施工过程的质量符合性负责。

⑦ 钻探机长对本班钻探质量的符合性负责，按规定要求进行钻探、取样和试验。

⑧ 土工试验负责人对土工试验结果的正确性负责。按规定要求进行试验，并对试验结果进行校核。

⑨ 质量负责人负责过程质量控制及对质量体系文件执行情况的监督工作，发现不合格的作业或不合格品时有权令其停工进行纠正或停止使用，通知项目技术负责人或项目负责人对不合格品进行处理，并参与不合格品和质量事故的处理，有权提出处理建议。

第五章 项目风险分析和控制

　　项目的各责任主体应对工程质量管理过程中存在的潜在风险进行分析，从设计、进度、管理、质量、资金、政策导向、安全环保等方面进行分析识别，并各自制定相应的对策，确保项目的工程质量达到既定目标。

　　规避工程风险。建立科学的风险管理体系，识别和评价工程所面临的各种风险并采取措施，以有效规避工程风险或降低风险对项目造成的影响。

　　做好工程前期研究。对项目风险进行评估，明确风险的性质和分布情况，制定风险控制策略。对风险进行分析，形成风险档案，强化监控。

　　建立科学的环节监控体系。完善工程各环节的监控机制，及时发现和处理施工中可能出现的问题。

　　建立风险分级管理机制。根据项目特性和阶段性要求，对风险进行分级管理，采取有针对性的风险控制措施。

　　加强工程监测工作。强化现场管理。加强对建设工程的监测和管理，确保各项规定得到有效落实。风险分析与管理可采用表 5-1 形式。

表 5-1　风险管理表

序号	风险内容	风险类别	风险评估	风险分级	应对措施	工作进展	责任部门	责任人	配合部门 / 单位	风险解除时限

第六章　建设单位质量策划方案编制专项大纲

第一节　一般要求

建设单位是项目质量管理的首要责任主体，应在质量策划方案中体现以下内容：

① 按照确定的总体质量目标，建立涵盖可行性研究、勘察、设计、采购、施工、试车各阶段的管理制度，明确质量管理程序与要求。

② 严格履行基本建设程序，及时按要求办理工程建设审批、许可与备案，项目开工前，申请办理质量监督手续。

③ 按照国家法律法规和自身制度规定，选择具有相应资质及业绩的承包商、监理单位和服务商。

④ 编制和组织实施项目质量管理制度，监督检查参建单位质量计划的编制和执行。

⑤ 检查工程建设项目质量，实施质量改进，统计分析工程质量信息，掌握工程质量动态。

⑥ 按照质量事故管理规定组织或配合工程质量事故调查处理。

第二节　可行性研究质量控制

一、选择工程咨询单位

选择有行业内专业技术人力资源、有相应项目业绩、守法且信用状况良好的咨询单位。

二、成果评审

（1）组织专家评审

可邀请社会上的专家、学者，根据国家规定及合同文本，对咨询成果进行评审。

（2）委托外审

可委托第三方进行评审，对咨询报告内容进一步完善与优化。必要时，可以委托另外一家咨询机构进行再评估。

（3）成果质量要求

可行性研究报告对工程项目规模、建设内容、产品构成的分析以及市场分析、技术水平分析、风险分析、财务分析、经济效益、社会效益分析、环境效益分析等应深入全面，计算准确可靠，各项数据符合实际。

第三节　勘察质量控制

一、勘察准备阶段质量控制

① 编制工程勘察任务书，选择工程勘察单位并签订工程勘察合同。

② 严格控制勘察工作的分包，特殊专业分包，由建设单位批准。

③ 审查勘察单位提交的勘察方案。变更勘察方案时，按原程序重新审查。

二、勘察阶段质量控制

① 检查勘察单位执行勘察方案的情况。

② 审查勘察单位提交的勘察成果报告，组织勘察成果验收。经验收合格后勘察成果报告才能正式使用。

③ 对勘察单位内部质量控制记录进行抽查。

第四节　设计管理质量控制

一、设计前期质量控制

① 严格控制设计工作的分包，特殊专业分包，由建设单位批准。

② 关注设计基础资料的收集。

③ 对设计单位上报的项目设计计划进行审批。

二、基础工程设计质量控制

① 组织基础工程设计单位进行现场调研，参加设计单位组织的方案讨论会。

② 组织项目基础工程设计审查、审批。

三、详细工程设计质量控制

① 组织详细工程设计审查（HAZOP、PID 审查、三维模型等审查），并按照审查意见进行验证。

② 组织施工图图纸会审及设计交底，形成会议记录或会议纪要。

四、设计变更质量控制

制定设计变更管理程序，组织对设计变更进行审查，并对设计变更的执行进行监控。对设计变更审查的重点应包括：

① 设计变更合规性。设计变更是否符合规划、环境、安全、消防、防洪、林业、土地等相关法律法规要求。

② 变更方案的影响。对工程质量、工期、投资、HSE 的影响。

③ 按相关要求履行变更报批手续。

五、设计质量检查

① 对工艺系统方案等重点、关键环节进行审核，组织召开专题论证会。

② 对关键设备技术规格书或数据进行审查。

③ 对设计单位内部质量控制记录进行抽查。

第五节　设备材料采购质量控制

一、采购质量控制一般要求

① 确定项目的采购策略，与承包单位在承包合同中明确采购职责范围。

② 根据实际需要可组织对供应商进行现场考察、物资质量抽查，进行质量管理体系审核，对供应商提供产品和服务质量保证能力进行检查或验证。

③ 签订物资采购合同时，明确执行的质量标准或技术协议、质量验收方法和质量责任。

④ 组织大型成套设备的现场验收，监督参建单位对设备材料的现场验收。

⑤ 明确不合格物资的处置方式和程序，及时有效处置，并做好相关记录。经技术或质量部门认可批准后可降级使用的，要做好风险评估、应急预案、使用跟踪和结果评价。

⑥ 建立物资采购质量管理档案，以确保采购物资质量的可追溯性。

二、设备监造质量控制

① 制定建设单位驻厂监造目录，可委托监造单位进行监造。

② 监督监造单位实施监造工作，对监造单位工作质量进行监督检查和考核。

第六节　施工阶段质量控制

一、一般要求

① 向参建单位提供有效的设计文件、专项评价文件及批复文件、管理文件。

② 对参建单位的工程施工质量管理工作执行情况进行检查、监督和考核。

③ 对监理单位的监理履职能力进行检查、监督和考核。

二、施工准备阶段质量控制

① 按照合同约定审查参建单位的资源投入情况。

② 按要求，对参建单位施工执行计划或施工组织设计、专项方案、监理规划、质量计划等进行审批。

③ 对施工现场的各项准备工作进行核查，落实开工条件，签发开工报告。

三、施工阶段质量控制

① 考核参建单位的质量管理情况，核查各参建单位资源到位情况，核查质量管理人员、特种作业人员持证上岗情况。

② 检查参建单位质量计划的执行情况。

③ 组织对检测单位工艺执行情况、评判结果进行抽查。

④ 抽查不符合项的整改情况。

⑤ 定期组织召开质量管理会议。

⑥ 检查参建单位交工技术文件编制的及时性、完整性、准确性。

⑦ 组织对工程质量监督机构提出的有关质量行为和工程实体质量的问题进行整改。

⑧ 组织单位开展工程质量验收。

第七节　试运行阶段质量控制

一、试运行准备阶段质量控制

（1）编制试运行方案

试运行方案的主要内容应包括：工程概况、编制依据和原则、目标与采用标准、试运行应具备的条件、组织指挥系统、试运行进度安排、试运行资源配置、环境保护设施投运安排、安全及职业健康要求、试运行预计的技术难点和采取的应对措施等。

当采用专利技术或邀请有关单位参与试运行时,试运行方案还应征求专利权人或被邀请单位的意见。

（2）落实准备工作

落实供应资源,包括原材料、备品配件、安全设施、燃料、水、电等。

（3）组织开展培训考核工作

组织开展试运行人员培训工作,会同承包方对参加培训的人员进行考核。

二、试运行过程质量控制

建设单位组织和指挥操作人员进行试运行工作。重要设备的试运行应在制造厂专家指导和监护下进行,其成员编入主要岗位,负责指导并协助排除故障。使用专利技术时,专利权人也参加指导。

三、风险防控

试运行中风险较大,必须将安全工作置于首位,应做好安全预案。不具备条件不得试运行。前一试运行工序的事故原因未查明,缺陷未清除,不得进行下一道工序的试运行。

在试运行过程中,当发生不正常情况时,试运行指导人员应根据现场情况进行判断,相应做出调整工艺条件、减负荷、停止试运行的决定。授权岗位人员在紧急情况下可紧急停止试运,处理后应及时报告。

四、试运行记录及总结报告

所有试运行项目均需填写试运行质量记录,并须由承包方、建设单位的授权人员签字确认。

建设单位签署确认试运行总结报告。

第八节　中间交接与交工验收阶段质量控制

一、中间交接质量控制

工程中间交接的内容主要包括:按设计内容和施工验收规范对工程实物量逐项进行检查、核实并交接;工程质量资料及有关调试记录的审核、验收和交接;安装专用工具和剩余随机备件、材料的清点、检查和交接;随机技术资料的交接;清理工程尾项,确认完成时间。

工程按设计内容施工完成，在施工承包商自检合格后，总包单位报请建设单位组织相关方按系统或单元、单位和单项工程，分专业进行"三查四定"。总包单位组织总包合同范围内的尾项收尾和整改工作，完成中间交接前相关记录和技术资料的准备，按合同约定或规范要求的中间交接条件项进行检查确认，具备条件后向建设单位申请中间交接。

总包单位参加建设单位组织的中间交接，取得相关方签署的中间交接证书。

二、工程交工验收质量控制

工程内容已按合同完成，验收合格，按规范及合同约定向建设单位移交了建设工程交工技术文件并出具工程质量保修书，工程项目经投料试车产出合格产品或具备使用条件后，总包单位向建设单位提出工程交工验收申请。

总包单位参加建设单位组织的交工验收，取得相关方签署的工程交工证书。

第九节　性能考核

项目的装置经热试车生产出产品后，应对其运行工况逐步进行调整，在达到满负荷（或合同规定负荷）、连续稳定运行工况时，应按合同规定进行项目或分装置的性能考核。性能考核前应编制考核方案。

一、考核方案应包括的内容

① 概述；
② 考核依据；
③ 考核条件；
④ 生产运行操作的主要控制指标；
⑤ 原料、燃料、化学药品要求和公用工程条件；
⑥ 考核指标；分析测试方法和计算方法；
⑦ 考核测试记录；
⑧ 考核报告。

二、性能考核应具备的条件

① 热试车已完成；
② 项目的相关工艺装置处于满负荷（或合同规定负荷）的稳定运行状态；
③ 完成性能考核方案的审批；

④ 建立性能考核组织机构，明确测试人员分工；

⑤ 备齐测试专用工具，确定化学分析项目，考核计量仪表完成调校，确认分析方法；

⑥ 原燃料满足设计文件要求并稳定供应；

⑦ 自控联锁稳定运行。

当首次性能考核未能达到合同规定的标准时，应按合同约定的相关条款执行。

第十节　总体竣工验收质量控制

建设单位应当组织设计、施工、工程监理等有关单位进行竣工验收。竣工验收应满足的质量要求如下：

① 工程建设项目按照批准的设计文件内容全部配套建成，并满足生产使用需要；

② 规划、环保、安全、职业卫生健康、消防、档案、水保等专项验收完成；

③ 项目性能考核达标达产；

④ 项目完成竣工结算审计；

⑤ 现场查验工程质量不存在影响结构安全和使用功能的严重质量问题，对少量遗留的工程质量问题提出整改意见并限期整改；

⑥ 建设单位、各承包商和物资采购单位分别对质量管理工作进行了总结和评价，竣工验收资料齐全完整；

⑦ 其他应满足的质量要求。

建设工程经竣工验收合格后方可交付投产使用。

第十一节　工程项目维保质量控制

检查施工单位出具的质量保修书，质量保修书应当明确工程建设项目保修范围、期限和责任等内容。

如工程建设项目在保修范围内和保修期间发生质量问题，建设单位应责成施工单位履行保修义务。

第十二节　施工监理质量控制

一、选择监理单位

选择行业内有资质、有专业技术人力资源、有相应项目业绩、守法且信用状况良好的监理单位。

二、监理单位工作质量控制

根据建设单位相关管理规定,对监理单位履职情况进行检查、考核。主要包括:

① 是否按照投标承诺和委托合同的约定,设置现场管理机构,配齐工作人员,配置相应的检测试验和办公设备、交通和通信工具等;

② 建立和落实工作管理制度和质量保证体系情况;

③ 原则上不允许更换监理人员。若有特殊情况,须向施工经理通报,其中专业负责人及以上人员的变动须经建设单位批准。

第七章　勘察单位质量策划方案编制专项大纲

第一节　可行性研究阶段质量控制

①搜集区域地质、地形、地貌、地震、矿产、当地工程地质、岩土工程和建筑经验等资料，对场地稳定性和适宜性作出评价；

②分析已有搜集资料，踏勘了解场地的地层、构造、岩性、不良地质作用和地下水等工程地质条件；

③当已有资料不能满足要求时，根据情况进行工程地质测绘和必要的勘探工作。

第二节　初步勘察阶段质量控制

①查明对场地有影响的不良地质作用（岩溶、滑坡、危岩和崩塌、泥石流、采空区、场地和地基地震效应、活动断裂）的成因、分布、规模、发展趋势，初步评价工程建设活动（挖方、填方、开挖边坡、降水等）对场地稳定性的影响。

②初步查明地质构造、地层结构、岩土物理力学性质。

③对场地和地基的地震效应作出初步评价。

④对有软土分布的场地，应查明其工程性质并提出地基预处理方案等。

⑤对拟建场地地段的稳定性作出评价。

第三节　详细勘察阶段质量控制

①提出详细的岩土工程资料和设计、施工所需的岩土参数。

②对地基做出岩土工程评价，并对地基类型、基础形式、地基处理、基坑支护、工

程降水和不良地质作用的防治等提出建议。

第四节　勘察准备阶段质量控制

① 勘察项目组负责人组织编写勘察纲要，勘察纲要应响应委托和规范、技术要求，勘察方法、内容应与实际情况相适应，由单位技术负责人批准勘察纲要。

② 项目负责人组织对勘察作业人员进行质量目标、质量风险、技术要点和难点、关键工序、现场管理、成果资料整理和后期服务等方面内容的交底。

③ 所投入的技术人员的资历和数量、仪器设备及其技术指标应满足勘察纲要的要求。

④ 对作为勘察依据的文件资料的齐全、完整、适用性进行验证，对不满足需要的文件资料应向文件来源单位提出勘察资料需求。

第五节　现场作业阶段质量控制

勘察单位项目组根据项目情况制定质量检查办法，在勘察实施过程中，由项目组质量负责人定期组织质量检查。

① 质量检查内容

a. 所使用的仪器、设备是否在检定的有效期内以及是否处于完好状态；

b. 是否按照勘察纲要规定的勘察方法进行勘察工作；

c. 过程记录的完整性；

d. 文件的校审记录填写是否规范，是否按校审提出的意见进行了修改，文件的签署是否符合规定；

e. 成果文件内容与现场实际的符合性；

f. 分包项目过程控制是否符合规定要求。

② 专业负责人组织整改质量检查过程中发现的问题，项目组质量负责人负责复验。

③ 质量检查应形成记录，并编制质量检查总结报告。

④ 在勘察结束后及时恢复地貌。

第六节　试验阶段质量控制

① 试验仪器设备均保存完好，且在鉴定、校准周期内；

② 试验过程符合质量体系要求；

③ 试验项目及数量符合要求，无差错、无遗漏；

④ 试验原始数据真实、可靠，各项试验指标之间关系合理；

⑤ 开土记录内容规范、完整（土样描述包括：土性，颜色、气味、包含物、湿度、

状态等）；

⑥ 土样摆放整齐，并放置在阴凉处，放置时间符合规定；

⑦ 试验定性准确；

⑧ 原始记录和成果图、表责任人签字齐全。

第七节　勘察成果编制质量控制

① 项目组负责人组织编制勘察测量成果文件，其编校审人员应具备任职资格。

② 成果文件的编制应按"三级校审制度"进行校对、审核、审定。

③ 复杂项目或大型勘察项目的勘察成果文件应组织专家进行评审。

④ 项目组负责人组织交付勘察成果文件，交付文件应齐全、完整、有效。

⑤ 岩土工程勘察报告、测绘报告应由相关注册人员签章。

⑥ 主要质量检查内容：

a. 数据与野外记录相一致；

b. 试验数据与测试数据一致；

c. 各种图件清晰、正确、美观；

d. 流程完备，存档资料及时、完整；

e. 成果报告格式正确、版面美观，搜集资料齐全、正确、适用；

f. 参数统计正确、完整；结论建议合理、经济、准确。

第八章　设计单位质量策划方案编制专项大纲

第一节　可行性研究阶段质量控制

一、项目经理职责

项目经理及时与有关部门和业内专家进行沟通每个质量控制点（前期准备、现场调研、撰写报告等），并对咨询成果质量负责。

二、成果质量评审

（1）项目部组织内部评审

项目经理组织本项目的参加人员对项目咨询成果进行自我评审。依据项目质量要求，逐项自我检查，并进行必要的修正。

（2）公司级评审

由行政、技术、业务主管领导参加，项目经理汇报。

（3）成果质量评价标准

① 项目前期咨询成果与国家有关法律法规政策的符合性。

② 项目前期咨询成果与国民经济和社会事业发展目标的一致性。

③ 项目前期咨询成果与合同要求的一致性。

④ 项目前期咨询成果与各方利益权衡的协调性。

第二节　设计质量控制

设计质量控制一般包括确定的设计范围、设计深度、设计质量目标、设计组织、设计计划制定、设计质量保证等。

一、设计质量控制一般要求

① 设计质量实行终身负责制，项目经理是项目质量第一责任人；设计、校对、审核、审定、核准等在设计文件上签署的人员均应根据其职责承担相应的质量责任。

② 根据项目规模组建设计项目团队，确定项目经理（项目负责人）、设计经理（技术经理）、项目总工程师、各专业负责人；设计项目团队中关键人员应满足合同规定的资质要求，并得到建设单位的批准同意。

③ 设计质量应满足设计招投标文件和合同的要求。

④ 加强与建设单位、供应商、承包商之间协调管理，确保设计外部接口资料准确。

⑤ 按本单位的质量管理体系开展设计质量管理，确保设计过程受控，确保设计内部接口资料准确。

⑥ 组织开展设计理念、方法和工具创新，提升本质安全设计水平。

⑦ 按照规定进行设计成果移交。

⑧ 设计过程质量资料应签署齐全，并保留记录。

⑨ 组织开展项目设计创优的报审，并协助参与优质工程报审工作。

二、基础工程设计阶段的质量控制

① 编制基础工程设计计划。

② 基础工程设计遵循的标准规范应有效、适用。

③ 对采用的新设备、新材料、新工艺、新工法、新技术，开展专题论证。

④ 对基础工程设计文件进行内部评审，按照基础工程设计修改意见及时组织修改。

⑤ 如基础工程设计工程中有科研内容，按相关要求进行质量管控。

三、详细工程设计阶段的质量控制

① 编制详细工程设计计划。

② 详细工程设计遵循的标准规范应有效、适用。

③ 详细工程设计应符合批复的基础工程设计，其内容和深度应符合国家、行业和标准文件的规定。

④ 优先采用标准化设计成果，对涉及结构安全、重要工艺流程、重要的建（构）筑物等关键设计环节应进行详细、准确地计算。

⑤ 对建设单位的施工图审查意见应及时组织整改，确保施工图设计文件质量。

⑥ 按照 相关程序处理设计变更。

⑦ 参与工程中间验收和投产试运行，提交设计工作总结，参加工程竣工验收。

四、设计交底和施工图会审质量控制

设计单位参加建设单位组织的图纸会审和设计交底会议，负责介绍设计意图和深度、工艺布置与结构特点、工艺要求、设备材料的选用和订货要求、新技术应用及使用要求、施工技术要求与有关注意事项，并解答各有关单位提出的问题。

设计交底和图纸会审应形成纪要，并经各方代表签字认可。

五、设计变更质量控制

涉及各专业技术方案的变更，设计单位专业负责人应提供充分的技术材料，通过比选提出合理的解决方案；对于重大技术变更，由项目总工程师组织协调解决。

因发生变更而出具的设计文件、设计图纸、设计变更通知单等相关文字成品，均应按照设计单位有关规定加盖相关印章。

六、现场设计服务质量控制

设计单位派驻现场的设计服务人员，应具备设计合同要求的技术职称和设计资质，以及一定的工程设计经验，与施工、监理单位积极配合，做好现场技术服务，及时解决施工过程中存在的设计问题。

设计现场代表应收集有关设备、材料、工程设计和标准设计的质量信息和问题，定期向项目经理和设计单位相关部门反馈，总结经验，避免重复出错。

七、设计回访质量控制

设计单位宜在工程投产一年内组织设计回访，回访对象主要是生产运行管理单位。

设计回访工作由项目经理负责组织联络、确定回访单位及工作安排；收集生产使用单位对项目运行过程存在的问题及对设计的评价意见，编制设计回访报告。

第九章 施工单位质量策划方案编制专项大纲

第一节 施工准备阶段质量控制

一、合格分包/供方管理

（1）严控准入与源头把关

建立合格分包商及合格分供方台账。

对合格分包方建立专项质量资质审查体系，重点核查分包方的施工资质、同类项目经验及技术团队能力。

对合格分供方，需验证产品检测报告、生产许可证及环保合规性，必要时进行样品封存与实验室复验，从源头杜绝劣质材料流入。

（2）推行"双控"机制

施工前通过技术交底明确工艺标准与验收规范，编制可视化作业指导书；

施工中实施"三检制"，对隐蔽工程、关键节点进行旁站监督与第三方检测。

（3）实施过程监控

运用数字化平台实时采集一次交验合格率、焊接检测合格率等数据，实现异常预警与闭环整改。

（4）动态考核与追溯问责

建立质量履约档案，记录质量问题频次、整改效率及验收合格率，与工程款支付挂钩。将造成质量事故的分包/供方列入"黑名单"，实施禁入制度。合同条款中明确质量终身责任制。

（5）实施"五全员"管理

建立分包方全员入场教育、全员安全考核、全员实名制考勤、全员安全保险、全员打卡发放工资制度，从源头控制恶意讨薪行为，提升分包方履约能力。

二、单位工程、分部工程、分项工程划分

为了方便工程项目施工组织、管理和验收，保证技术资料、管理资料、质量保证资料、质量验收资料与工程建设同步并可追溯，确保工程项目顺利进行。在施工之前，施工单位与监理单位、建设单位、总包单位等相关方，根据工程特点确定项目单位、分部、分项工程的划分，并以文件形式分发至各单位。划分原则如下：

① 保持划分的一致性，便于质量监督与检验；

② 明确各划分单元的质量责任，实现精细化管理；

③ 建立健全质量评定和验收体系，确保工程质量达到标准要求。

三、技术管理控制

（1）文件控制

按照文件控制程序实施内外部文件的管理。

① 配齐项目所需的法律法规、技术规范等；

② 明确内外部文件的控制范围，确保文件的有效性、适宜性、可用性；

③ 加强安全与权限管理；

④ 定期审核与更新。

（2）设计交底、图纸会审

① 参与建设单位组织的工程设计交底及图纸会审，图纸会审时确保图纸齐全、无错漏短缺，重点审查设计是否符合规范和标准要求；

② 检查图纸间的一致性，特别是平面尺寸、标高和预留预埋件；评估新技术、新材料的应用可行性；

③ 明确设计意图和施工难点；

④ 鼓励各方提出改进建议，确保施工顺利进行；

⑤ 及时整理会议纪要，确保各方签字确认齐全。

（3）方案编制

① 明确工程概况和特点，制定合理的施工组织设计；

② 细化施工方法与工艺，确保工艺流程的科学性；

③ 强化质量控制措施，确立质量目标和标准；

④ 优化资源配置，合理分配人力、物力和设备资源；

⑤ 评估施工风险，制定应对措施；

⑥ 确保方案的可操作性和针对性，便于现场管理和执行。

（4）技术交底

① 明确交底内容，确保技术要求、施工方法、质量控制标准等传达准确无误；

② 参与人员签认，确认交底内容已理解，技术问题得到解决；

③ 建立完整的交底记录，便于后续施工监督和追溯；

④ 定期对交底效果进行评估，持续优化交底流程。

（5）质量记录

质量记录包括原始质量记录表格和交工记录表格。施工单位应与监理、业主共同确认执行的标准、交工文件、表格的版本与格式。

① 过程中确保记录的真实性、完整性、规范性和及时性。记录内容需详尽准确，包括检查日期、人员签名、检验结果等关键信息。

② 定期对质量记录进行审核、归档，确保记录的可追溯性。

③ 对不合格项的处理记录及验收记录应详细，以便及时跟踪和纠正质量问题。

四、质量检验试验控制

施工前由项目总工（质量经理）组织相关技术人员按照图纸及规范要求，分专业编制项目检验、试验、检测计划，确保原材料质量和施工过程质量均处于受控状态。

质量检验、试验、检测计划编制案例参见附录C。

五、工程机械设备管理

① 编制工程机械需求计划，建立机械设备管理制度，工程机械设备的选择与数量配置应满足项目需求。

② 定期对机械设备进行维护与保养，保证机械设备性能、状态合格。

③ 对于特殊施工过程使用的机械设备和对产品质量形成有直接影响的机械设备，应在方案编制与审查、机械设备进场、开工条件确认等环节进行重点控制。

例如，编制大体积混凝土施工方案时，应计算混凝土输送泵的输出量与配备数量、混凝土搅拌运输车辆的台数，配备合适的、数量满足要求的振捣设备并在浇筑前进行试运转。

六、计量器具管理

计量器具配置应满足检验、试验需要。

① 建立计量器具管理制度。

② 根据合同范围与检验试验计划，编制计量器具配置计划（见表9-1），按计划配备计量器具。

③ 在使用计量器具前，应检定合格或校准并进行标识，按项目规定的程序报验

合格。

④应建立计量器具管理台账，对计量器具的使用状态进行动态管理。

表 9-1　某项目部计量器具配置计划示例

序号	名称	规格型号	数量	计划进场日期	备注
1	游标卡尺	0～200mm	6		自备
2	塞尺	100×0.02～1mm	2		自备
3	螺纹样板	55°～60°	2		自备
4	焊接检验尺	HJC-60	4		自备
5	焊接检验尺	HJC-40	4		自备
6	框式水平仪	150×150×0.02	2		自备
7	超声波测厚仪	MMX-6	2		自备
8	覆层测厚仪	F60-1×0.001	2		自备
9	接地电阻测试仪	TES-1605	1		自备
10	红外测温仪	825-T2-50-400	4		自备
11	振动测量仪	VC63	4		自备
12	硬度计	HT-2000A	1		自备
13	手提式光谱仪	SPECTROSORTCCD TSC17	2		自备
14	……				

七、人力资源配置

根据项目规模、工期和技术要求，制定详细的人力需求计划，确保各阶段人员配置合理。

施工过程中确保人员技能与岗位要求相符，特别是技术岗位，人员须具备相应资质和经验。根据项目进展和需求变化，灵活调配人员，避免资源浪费或短缺。确保各工种、各层级人员有效协作，提升整体效率。

劳动力配置应具体到各单位工程，建筑工程应按照 4.5 万 /（人·月）、安装工程按照 2.5 万 /（人·月）配置劳动力。

第二节　施工阶段质量控制

一、三级质量控制点设置

项目设置 A、B、C 三级质量控制点，制定质量检测程序，报建设单位（总包单位）/ 监理单位批准后执行。

质量控制点一般选择技术要求高、施工难度大、对工程质量影响大或是发生质量问题时危害大的对象。如：

① 对工程质量形成过程产生直接影响的关键部位、工序、环节及隐蔽工程。

② 施工过程中的薄弱环节，或者质量不稳定的工序、部位或对象。

③ 对下道工序有较大影响的上道工序。

④ 采用新技术、新工艺、新材料的部位或环节。

⑤ 对施工质量无把握的、施工条件困难的或技术难度大的工序或环节。

施工质量 A、B、C 三级控制点按照土建、管道、设备、电气、仪表、筑炉等各个专业分别编制，可以参考表 9-2，并根据项目实际进行设置。

表 9-2　×××工程施工质量控制表

工序编码	质量控制点/质检名称	质检等级	控制内容	控制依据
10000	土方开挖			
10100	定位轴线标高测量	AR		

注：A 级，业主、监理单位参加检查项目；B 级，监理单位参加检查项目；C 级，施工单位自检；其中带有 R 的需附书面检查记录。

二、工程特殊过程施工质量控制

（1）关键工序

项目需通过任务单、施工日志、施工记录、隐蔽工程记录、各种检验试验记录等形式，表明施工工序所处的阶段或检查、验收的情况，确保关键过程处于受控状态。

（2）确认项目施工的特殊过程

特殊过程包括但不限于预应力施工、地基处理、地下室防水、屋面及楼面防水、大体积混凝土浇灌、结构焊接、管道防腐工程、大型设备吊装、工业炉砌筑的烘炉过程、热处理工序、大型电机、电气设备调试运转、软母线压接等。

对特殊过程应编制专项施工方案，必要时还需向工程监理工程师申报审查。

质量策划方案应明确项目编制专项方案计划清单，见表 9-3。

表 9-3　项目编制专项方案计划清单

序号	专项方案名称	特点、难点	计划完成时间
1	《×××××分离塔吊装方案》	分离塔高 129.6m，直径 8.9m，重量达 2100t	
2	《×××××深基坑施工方案》		
	……		

（3）设备材料质量控制

原材料质量控制应保证见证资料的一致、齐全，应统一收集保存监理报验单、进场检验记录、有见证取样记录、原材料进场复验、原材料质量证明书（五表单）。

① 监理报验

按照检验试验计划要求，施工单位在材料、设备进场后，必须及时向监理单位提交材料、设备报验单。报验单应详细列出进场材料、设备的品种、规格、数量等信息，并附上相关的质量证明文件。经监理人员审核，确认材料、设备符合设计和规范要求后，方可进行下一步验收。

② 进厂检验

对进场的材料、设备进行外观检查，确认无损坏、变形等问题。对关键材料、设备进行抽样检验，确保其性能指标满足设计要求。

③ 见证取样

取样应按照相关规范进行，确保样本具有代表性，并请监理人员现场见证，确保取样工作的公正性和有效性。取样后，施工单位人员和监理人员共同送样至有资质的第三方试验室进行检测。

④ 原材料复检

对重要材料、设备，应按照监理人员的要求进行复检，以验证其质量稳定性。复检结果应与原检验报告进行对比，确保一致性。若复检结果不合格，应立即采取措施，禁止该批材料、设备在工程上使用。

⑤ 质量证明书

检查进厂材料、设备的出厂合格证、质量证明书等质保资料。

质量证明书应包括材料、设备的型号、规格、生产日期、检验结果等信息。应确保质量证明书与实际进场的材料、设备一致。

三、质量问题防治

（1）事前控制

施工前进行详细的技术交底和质量策划，明确质量标准和要求，对常见、多发问题制定预防措施。

（2）材料把关

严格材料验收，确保进场材料符合设计规范和标准，杜绝不合格材料的使用。

（3）过程监管

加强施工过程检查，落实"会检制"，及时发现并整改问题。

（4）技术保障

采用先进施工工艺，确保关键工序和隐蔽工程质量。

（5）人员培训

定期开展质量培训，提升施工人员技能和质量意识。

（6）责任落实

实行质量责任制，明确各方职责，强化质量追溯和问责机制。

四、成品保护措施

以"预防为主、防护结合"为方针，通过技术交底、过程监督和应急预案，最大限度减少成品损伤。要做到以下几点：

① 材料与构件保护；

② 工序衔接与防护；

③ 分项工程保护；

④ 环境与灾害防控；

⑤ 管理制度保障。

五、隐蔽工程验收控制

隐蔽工程涉及结构安全和重要使用功能。隐蔽工程在项目全阶段都存在，但主体结构施工阶段的隐蔽工程涉及结构安全和重要使用功能，剥离检验难度较大，直接检测成本较高且精度不足。因此隐蔽工程验收应做到：

① 隐蔽工程在隐蔽之前，项目部应通知建设单位、监理人进行检查。

② 隐蔽工程必须经过检查合格后才能进行覆盖。建设单位或监理人在检查合格后，应在检查记录上签字，项目部方可进行隐蔽施工。如果检查不合格，项目部需进行整改、返修。

③ 隐蔽工程验收照片需清晰反映施工细节，包括工程部位、材料规格、施工工艺，必要时加设卷尺标明尺寸，拍摄时间、地点明确，一人一档，归档完整。

④ 举牌验收。验收人员须在施工现场设立验收公示牌，详细记录工程名称、验收事项、验收内容、验收人员、验收结论和验收时间等信息。验收过程中，需拍摄验收人员手举验收公示牌的照片，确保图像资料清晰，并编入工程管理资料，以便实现工程质量责任可追溯。

第三节　土建工程施工质量控制

一、地基与基础工程施工质量控制要点

（1）检测指标要求

地基强度、压实系数、承载力三项检测指标（参数）一次检测达到设计要求及规范规定。

桩身完整性检测要求一类桩占比达 90% 以上，其余为二类桩，无三类桩。

（2）沉降观测应委托有资质的第三方

沉降趋于稳定的判定标准为，最后 100 天沉降速率小于 0.01 ～ 0.04mm/d，区间值的

取值根据各地区地基土层的压缩性能来确定。

如，在北京，接近稳定时的周期容许沉降量为 1mm/100d，稳定标准 <0.01mm/d。沉降曲线图形应该与沉降低数值相匹配，趋于稳定的沉降曲线应呈收敛状，线形基本平直。

（3）复合地基的检测要求

① 刚性桩，如钢筋混凝土桩、钢管桩等，应采用桩身完整性（低应变）来进行检测。

② 柔性桩，如碎石桩、石灰桩等应采用荷载板试验来进行检测。

③ 刚柔并济桩，即 CFG 桩复合地基，则既需要做桩身完整性（低应变），又要做荷载板试验来确定复合地基的承载能力。

二、主体工程施工质量控制要点

（1）材料控制

严格检查钢筋、混凝土、砌块等材料的质量，确保符合设计要求和规范标准。

（2）结构实体

混凝土强度应达到同条件养护试件的检验结果符合规范要求。

钢筋保护层厚度检测。应保证梁类、板类构件纵向受力钢筋的保护层厚度允许偏差：梁类构件为 +10mm，−7mm；板类构件为 +8mm，−5mm。一次检测合格率达到 90%。

（3）模板

模板应尺寸准确，板面平整，具有足够的承载力、刚度和稳定性，能可靠地承受新浇筑混凝土的自重和侧压力以及在施工中所产生的荷载。

应尽可能扩大模板面积、减少拼缝等，安装模板前应进行模板的选型、设计、强度验算、细部处理、安装就位等施工策划。

（4）钢筋工程

① 审图把关阶段

确定控制的重点和难点，制定策划控制措施。

例如：钢筋过密，如梁柱节点、剪力墙的门窗洞口等；悬挑构件的绑扎、钢筋接头的控制等；抗震结构的要求如加强区、箍筋加密区、边跨柱头等。

② 施工过程控制

重点要求钢筋原材、加工、堆放、绑扎、粗直径钢筋连接和钢筋保护层等方面，确保钢筋工程质量。

（5）混凝土工程施工工艺

混凝土施工工艺和混凝土外观决定着结构本身的观感质量，混凝土施工工艺是否合理、保证措施是否有力，直接决定着混凝土外观效果，必须进行策划预控。

① 混凝土配制

配制混凝土的强度等级和性能（抗渗、抗冻、低碱及其他特殊要求），必须符合设计要求规范和标准。

② 混凝土浇筑

应按有关规定抽测坍落度，制作标准养护试块和同条件养护试块，同条件养护试块宜在浇筑振捣地点制作，同条件试块必须与结构部位同条件养护。

（6）砌体工程

确保砌体灰缝饱满、垂直度和平整度符合要求，避免通缝和错缝。

（7）过程检查

实行"三检制"，及时发现并整改问题，确保工序质量。

三、建筑装饰装修与节能工程施工质量控制要点

（1）材料控制

严格检查装饰材料（如瓷砖、涂料、节能保温材料）的质量，确保符合环保和节能要求。

（2）基层处理

确保墙面、地面等基层平整、牢固，避免空鼓、开裂等问题。

（3）工艺规范

严格按照施工工艺操作，如防水层施工、保温层铺设等，确保功能性质量合格。

（4）细部处理

① 注重阴阳角、接缝、收口等细部处理，保证美观性和耐久性。

② 分格缝柱网尺寸按倍数划分。室内地面采用块材铺贴宜控制在 5m×5m 以内；采用现浇水泥地面宜控制在 4m×4m 以内；屋面不论采用什么材料宜控制在 3m×3m 以内。

③ 拼缝策划应做到"一条缝到底、一种缝到边、整层交圈、整幢交圈"，避免错缝、乱缝和小半砖现象。

④ 三同缝，墙面、地面和吊顶的接缝对齐。墙砖、地砖、吊顶、经纬线均应对齐。

（5）节能施工

确保节能材料（如保温板、节能门窗）安装规范，达到设计节能效果。

（6）验收检查

实行分段验收，重点检查隐蔽工程和功能性项目，确保整体质量达标。

四、屋面工程施工质量控制要点

（1）材料控制

严格检查进场防水、保温隔热材料的质量证明文件和试验检测单位认证证书，同时进行抽查，严把质量关。

（2）基层处理

基层应牢固，表面应平整、密实，不得有蜂窝、起皮和起砂现象，应干燥、干净。

（3）防水施工

严格按照工艺要求铺设防水层，确保搭接严密、无渗漏，重点处理节点部位（如天沟、管道根部），泛水高度不小于 250mm。

（4）保温层施工

确保保温材料铺设均匀、密实，避免热桥现象。

（5）排水设计

平屋面采用材料找坡时，坡度应不小于 2%，天沟、檐沟纵向找坡，坡度不应小于 1%，水落口应设置在沟底的最低处。

（6）保护层施工

① 混凝土、水灰比不应大于 0.55，每立方米混凝土的水泥不得少于 330 kg；砂率宜为 35% ～ 40%；灰砂比宜为（1∶2）～（1∶2.5），粗骨料含泥量不应大于 1%，细骨料含泥量不应大于 2%。

② 细石混凝土保护层分格缝，应设在屋面板的支撑端、屋面转折处、防水层与突出屋面结构的交接处、其纵横间距不宜大于 6m，分格缝内应嵌填密封材料。

③ 细石混凝土防水层厚度不应小于 40mm，每块分格板一次浇筑成功。

（7）屋面二次设计

主要是屋面建筑构造，屋面构件、设备、管道、防雷接地、排烟风机等总体布置，屋面变形缝构造三部分内容。其中屋面建筑构造应包括基层处理、找平层、隔汽层、保温层、防水层、保护层等构造内容，并明确天沟、排气孔、出水口、屋面构件防水处理等节点要求。

（8）验收检查

在雨后或淋水 2 小时后，进行屋面有无渗漏、积水和排水系统是否畅通的检查。

五、建筑给排水、室内消防与采暖工程施工质量控制要点

（1）材料把控

严格检查管材、管件及设备质量，核对规格、型号与质量证明文件，确保符合设计与标准要求。

（2）管道安装

给排水管道坡度要满足要求，避免积水、堵塞；消防管道连接牢固，保证密封性良好；采暖管道安装位置合理，避免影响散热。

（3）设备安装

水泵、水箱等设备安装牢固，调试运行正常，确保压力、流量等参数达标。

（4）试验检测

完成安装后，进行给排水管道的通水、打压试验，消防系统的压力测试，采暖系统的试运行等，确保无渗漏、运行稳定。

（5）内走道平顶及平顶内管道走向的二次设计

要把平顶面的各种构配件及管道做到整齐划一、走向统一、成行成线；平顶内的各种管道应首先明确安装次序，布置得当，安装牢固、穿墙构造精细、便于检修；特别应注重管道支架的统一制作、统一安装，最好统一支架形式。

六、通风与空调、电梯施工质量控制要点

（1）通风与空调

① 设备安装。空调机组等设备安装平稳，减振措施到位，连接严密。

② 风管的制作与安装。要保证尺寸准确，连接牢固，密封良好，且支吊架设置合理。

③ 系统调试。风量、风压等参数要符合设计要求，确保系统运行平衡。

④ 冷冻机房、风机房等内部总体布局应进行二次设计，考虑管道走向、穿墙节点构造，设备基础布置整齐、标高应尺寸一致，排水沟槽整齐精细，排水走向清晰。设备安装布置整齐、标高一致，操作检查检修通道空间合理、整齐、明亮。为使管道系统布局合理、走向科学，应对整个支架系统进行策划，做到合理布局、规范施工。

（2）电梯

① 导轨安装。导轨的垂直度和平整度要达标，保证轿厢运行平稳。

② 轿厢安装。轿厢组装牢固，各部件间隙符合标准，安全装置灵敏可靠。

③ 调试验收。进行全面调试，包括运行速度、平层精度等，确保电梯安全、舒适运行。

七、建筑电气与智能建筑施工质量控制要点

（1）材料控制

严格检查电缆、开关、配电箱、智能设备等材料的质量，确保符合设计要求和规范标准。

（2）管线敷设

确保线管敷设整齐、固定牢固，避免交叉干扰，强弱电线路保持安全距离。

（3）接线工艺

严格控制接线质量，确保连接可靠、绝缘良好，避免短路或接触不良。

（4）接地保护

确保电气设备接地可靠，符合安全规范，防止漏电事故。

（5）系统调试

电气系统和智能设备安装完成后应进行调试，确保运行正常、功能达标。

（6）配电房内部总体布局

应进行二次设计，规划桥架、母线走向，穿墙节点构造清晰。设备安装布置整齐、

标高一致，操作检查检修通道空间合理、整齐、明亮。

八、建筑室外工程施工质量控制要点

（1）场地平整
确保场地平整度、坡度符合设计要求，避免积水或排水不畅。
（2）管线敷设
严格控制给排水、电力、通信等管线的埋深、坡度和连接质量，避免渗漏或损坏。
（3）道路施工
确保路基压实度、路面平整度和排水坡度符合要求，避免开裂或积水。
（4）绿化工程
确保植物种植规范、土壤质量达标，灌溉系统安装合理，保证绿化效果。

第四节　安装工程施工质量控制

一、静设备安装施工质量控制要点

① 根据设备类型编制施工方案。特殊设备需要编制专用施工方案，如大型设备吊装、大型炉窑安装、大型设备现场组焊、特殊设备内件安装等。
② 设备到货先清点验收，确保无损伤、无缺件，设备材料证、合格证、特种设备监检报告齐全完整。
③ 安装过程严格控制基础验收、基础表面处理、标高、中心线、水平度、垂直度。
④ 严格控制塔器等具有内件安装的设备施工程序，做好工程检查和记录。
⑤ 具有滑动端的卧式设备，严格控制滑动端安装质量。有坡度要求的卧式设备应符合设计要求并做好记录。
⑥ 严格控制设备基础二次灌浆，确保平整密实。
⑦ 对于有主法兰连接需要现场单体试压的设备，制定试验方案，严格控制试压程序。

二、动设备安装施工质量控制要点

① 根据动设备类型，如一般机泵等可编制通用施工方案。特殊大型设备应编制专用施工方案，如大型压缩机、造粒机等。
② 设备到货后先清点验收，确保设备无损伤、无缺件，设备合格证、说明书、随机零部件等应齐全并妥善保管。
③ 安装过程严格控制基础验收、基础表面处理、标高、中心线、水平度、垂直度。
④ 对需要拆检的设备，制定拆检方案，严格控制拆检程序，做好拆检记录。

⑤ 根据联轴器对中精度要求不同，选择适宜的对中方法、计量器具。

⑥ 管道等与机器连接的部件，要严格监控连接附加应力，确保无应力连接。

三、工业炉安装施工质量控制要点

（1）基础验收

基础施工完成后，采用专业的测量仪器，对基础的尺寸、标高、水平度、垂直度进行全面检测，确保其符合设计要求。

（2）材料质量

工业炉安装所使用的材料必须符合设计及相关标准和规范要求。耐火材料和制品在运至施工现场时应有质量证明书，必要时应进行实验室检验，确保其质量指标符合设计要求。

对于回收的耐火砖，应清除砖上的泥浆和炉渣，并经过检查合格后才能使用。

（3）安装过程中的质量控制

在安装过程中，各部件的安装精度和连接质量至关重要。

例如，锅炉钢架的安装要按照先下后上、先里后外的顺序进行，使用经纬仪、水准仪等测量仪器对钢架的垂直度和标高进行实时监测和调整。锅筒作为锅炉的核心部件，其安装精度要求极高，锅筒的安装位置要严格按照设计图纸进行确定，其水平度和标高的误差要控制在毫米级。其他部件如水冷壁、集箱、过热器、空气预热器、省煤器等均要严格按照图纸施工。

（4）焊接质量

焊接是工业炉安装中的重要环节，焊接过程中应严格执行焊接工艺规程，控制焊接参数，确保焊缝的质量。焊接完成后，应对焊缝进行无损检测，确保无缺陷。对于重要的焊接部位，应进行 100% 的射线或超声波检测。

（5）水压试验

应编制专项工业炉水压试验方案，重点检查水冷壁、对流管、过热器、省煤器、汽包、联箱、本体管道及密封件焊接。目的是检查受热面的安装、焊接、胀接质量及阀门、本体附件的密封情况。

（6）筑炉

施工前编制专项筑炉方案，经相关方批准后实施。

① 材料质量控制

选用符合设计要求的耐火材料，核查产品合格证及复检报告，确保材料耐高温、抗侵蚀性能达标，严禁受潮或变质材料入场。

② 施工工艺控制

精准控制砌筑灰缝厚度（≤3mm），采用错缝砌筑，避免通缝；合理预留膨胀缝，填充柔性耐火材料；锚固件焊接牢固，间距符合规范，防止热应力变形。

③ 温度管理

烘炉阶段严格执行升温曲线，避免急冷急热导致材料开裂，实时监测炉体温度均匀性。

④ 结构稳定性

确保炉体垂直度、平整度偏差≤ 2mm/m，重点检查拱顶锁砖密实度及支撑结构承载力。

⑤ 隐蔽验收

分层分段验收，重点核查隔热层密实度、密封性及气密性试验结果，留存影像资料。

⑥ 人员资质

施工人员需持证上岗，关键工序实行旁站监督，落实技术交底制度。

四、金属储罐制作安装质量控制要点

根据设备类型编制专项施工方案，储罐制作要编制排版图。

（1）材料质量控制

根据排版图采购符合设计要求的材料，严格储罐壁板、底板和顶板验收程序。

（2）工艺和流程控制

根据已批准施工方案确定的工艺和流程，铺设底板，组焊壁板、顶板。焊接过程中严格控制焊接参数，确保焊缝的质量和均匀性，采用超声波检测、射线检测等无损检测技术对焊缝进行检测。

（3）安装精度控制

严格罐底中心、壁板中心基准定位，每层壁板组对各部位尺寸调整、检查合格后，方可施焊。储罐与管道、阀门等设备之间的连接应牢固、密封可靠；对连接处的焊缝进行可靠的质量控制；储罐与固定支撑的连接要满足强度要求。

（4）涂装和防腐控制

对储罐的涂层进行质量检测，确保涂层的附着力和耐久性。

对储罐进行防腐处理，确保储罐的使用寿命和安全性。

（5）试压和测试控制

储罐的制作安装完成后，应进行储罐的强度和严密性试验检测，对测试结果进行记录和分析，及时处理测试中发现的问题。

五、钢结构制作安装施工质量控制要点

根据项目情况编制专项施工方案。

（1）材料质量控制

对进场的钢材进行严格的质量验收，包括材料合格证、质量证明书等，对特殊的材料进行复验，确保材料质量合格。

（2）焊接质量控制

采用合适的焊接工艺评定，编制焊接工艺规程，对焊工进行交底或专业培训，提高其焊接技能和质量意识。

对焊缝进行无损检测，如超声波探伤、X 射线探伤等，及时发现并处理焊接缺陷。

（3）构件加工精度控制

严格控制构件的加工尺寸和形状公差，确保构件之间的连接精度，使用先进的加工设备和技术，提高加工效率和精度。

（4）安装过程监控

在安装过程中，严格按照施工图纸和规范要求进行操作，确保安装质量，对关键部位和节点进行重点监控，确保结构的稳定性和安全性。

（5）防腐与防火处理

对钢结构进行有效的防腐处理，如涂刷防腐涂料、镀锌等，延长结构的使用寿命。

根据设计要求，对钢结构进行防火处理，如喷涂防火涂料、设置防火隔断等。

（6）质量记录与追溯

对施工过程中的每一步都进行详细记录，对出现的问题能够及时追溯到源头，并进行整改。

六、管道预制安装施工质量控制要点

根据项目管道材质及技术参数的要求，明确施工流程、技术要求和安全措施，编制专项施工方案。

（1）材料质量控制

确保所使用的管道材料符合设计要求和相关标准，对进场的材料进行严格的检验，包括外观检查、尺寸测量、材质证明等，对于特殊要求的管道材料，如不锈钢、合金钢管等，应进行光谱分析或其他专业检测，对特殊材料的发放应单独建立台账。

（2）管道预制与组装

在预制过程中，严格控制管道的切割、弯曲和焊接质量，对预制完成的管道进行尺寸和形状的检查，确保符合设计要求，在组装过程中，注意管道的对接和固定方式，防止出现松动现象。

（3）阀门试压

按照设计规范要求，对阀门进行单体试压，试压前检查阀门规格、型号、产品合格证、检验报告等质量证明文件。阀门一般采用水或空气作为试压介质，逐步升高压力至规定值，保持一定时间后缓慢泄压，观察有无渗漏现象。试压过程中，如发现异常现象如泄漏，必须立即停止升压，进行处理。试压合格，阀门内部清理干净，进出口加防护盖，防止进沙造成阀门内漏。

（4）支架与吊架的安装

按照设计图纸要求，核对支架和吊架的编号后再进行安装，确保支架和吊架的位置准确、牢固可靠，冷态校准合规。

（5）管道试压

① 试压前

严格按照设计图纸和施工规范确认管道安装是否正确，确保管材、管件、焊接材料等符合要求，焊缝无损检测合格，支架、吊架设置合理。

② 试压过程

按照试压方案进行操作，严格控制升压速度，避免产生水锤现象。在达到试验压力后，关闭试压泵出口阀门，保持压力稳定，进行全面检查。如有泄漏，应及时标记并修复，修复后重新试压直至合格。

③ 试压后

对管道进行全面检查，确认无泄漏、变形等问题。整理试压数据，填写试压记录表，经相关人员签字确认后归档保存。

（6）管道冲洗

① 确保冲洗水泵设计合理，冲洗水流量充足；

② 冲洗过程中管道系统无泄漏；

③ 冲洗方向与实际水流方向一致；

④ 冲洗至出口处水质与入口基本一致；

⑤ 冲洗后及时排除管内积水，并做好验收记录。

⑥ 对冲洗过程中发现的问题及时处理，确保管道清洁度和系统正常运行。

七、电气仪表工程施工质量控制要点

① 施工前应制定详细的电气、仪表施工方案。

② 对进场的材料进行严格的质量检验，确保其符合设计要求。

③ 严格按照设计规范要求，做好电气、仪表设备的调试，确保调试正确，记录可靠。

④ 重点控制盘柜安装、桥架安装、电缆敷设、静电接地、绝缘保护，确保施工过程符合设计要求和施工规范，对每一道工序进行检查，确保每一步都达到质量标准。

⑤ 严格控制工程变更，确保所有变更都经过充分论证并被批准。

⑥ 做好安装和系统调试，制定详细的调试程序，确保系统在各种工况下都能正常运行，进行全面的功能验证，确保系统达到设计预期的性能指标。

八、焊接施工质量控制要点

① 建立适应工程特点的焊接管理模式，从焊接工艺评定及焊接工艺规程编制、焊工资格审定、焊接材料管理、焊接设备控制、焊接环境控制、焊接操作、焊接质量检验、焊缝返修等八个方面对焊接质量进行控制，做好焊前、焊中、焊后的检查和记录工作，统计每日焊接工程量和焊接质量，分析产生缺陷的原因，及时采取相应措施。

② 在焊工持证上岗的前提下，对特殊焊接结构和重要焊接部位如固定焊口、有障碍的焊接位置等，通过现场模拟训练，选定优秀焊工从事该部位焊接，以保证焊接质量。

③ 优选焊接方法，优化焊接工艺，使用高品质的焊接设备，如：管道焊接采用钨极氩弧焊打底，使用自动焊设备焊接管道等。

④ 严格焊接材料的管理，包括采购、进货验收、贮存、发放、使用与回收等环节的控制，建立焊材发放、领用与回收登记台账，确保焊材正确无误地使用。

⑤ 采取有效的防风、防雨、防湿措施，如搭设防护棚，进行温度、湿度和风速的监测，保证焊接质量不受环境影响，焊接过程不因环境影响而中断。

⑥ 加强对焊接过程的监控，严格焊接工艺纪律，制定奖罚规定，保证焊工施焊严格执行焊接工艺规程，以保证焊接合格率。

⑦ 优选焊缝检验手段，确保焊缝检测效果和质量，如对大壁厚管道焊缝采用分层（多层）检测；对不宜用 X 射线检测的厚度和不能用 X 射线检测的窄小位置采用 γ 射线检测等。

⑧ 对不合格焊缝采取无损检测定位返修的方法，确保返修质量，减少返修次数。

九、防腐、防火、保温工程施工质量控制要点

（1）材料选择与检验

必须严格按照设计要求和相关标准选用高质量的防腐材料，包括但不限于涂料、金属板材、焊接材料等，所有进场材料均需经过严格的质量检查，确保其符合国家或行业标准，并且具有合格证书及检测报告。

（2）施工准备阶段

去除基材表面油污、锈迹等影响涂层附着力的杂质，根据不同基材特性制定合理的预处理方案（如喷砂除锈），以达到良好的清洁度等级，并确保施工环境适宜，避免湿度过大或者温度过低导致涂层固化不良的情况发生。

（3）工艺过程控制

严格按照既定工艺流程操作，比如底漆－中涂－面漆的顺序不可颠倒，多层涂装时每层涂装后应留有足够的干燥时间，注意喷涂厚度的均匀性，使用专业设备测量并调整至最佳状态。

对于特殊部位（如角落、焊缝处）要加强防护措施，必要时采取手工补刷等方式保证涂层覆盖完整。

（4）质量监督与检测

在整个施工过程中，安排专人负责监督检查，及时发现问题并采取措施纠正。

完工后进行全面细致的验收工作，包括但不限于外观检查、附着力测试、厚度测量等项目。

组织第三方机构进行评估，客观反映工程质量水平。

（5）记录存档

做好各项活动的文字记录，包括但不限于原材料批次信息、施工日志、检验报告等内容，便于日后追溯查询。

十、吹扫、试压质量控制要点

（1）准备工作

检查管道安装质量，确保支架牢固、焊缝合格，清除管道内部杂物。

（2）吹扫控制

采用压缩空气或蒸汽吹扫管道，确保内部清洁，无焊渣、灰尘等残留物。

（3）试压方案

制定详细的试压方案，明确压力值、保压时间和验收标准。

（4）试压过程

缓慢升压至设计压力，分段检查管道焊缝、法兰等部位，确保无渗漏、无变形。

（5）检查记录

详细记录试压数据，包括压力值、保压时间、环境温度等，确保数据真实可靠。

（6）验收整改

试压合格后及时签署验收记录，发现问题立即整改，确保系统安全可靠。

十一、单机试车质量控制要点

根据设备特性、设计要求及操作规程，编制详细的单机试车方案，明确试车目的、步骤、参数设定、安全措施等。

（1）设备检查与准备

对试车设备进行全面检查，包括机械部分、电气系统、控制系统等，确保所有部件安装正确、连接牢固、无故障隐患。准备必要的试车工具、检测仪器及安全防护用品。

（2）人员培训与交底

对参与试车的人员进行技术培训和安全教育，明确试车流程、操作规范及应急处置措施，并进行技术交底。

（3）空载试车

在无负载状态下启动设备，逐步调整至额定转速或工作状态，观察设备运行是否平稳，有无异常振动、噪声或温升。检查各部位密封情况，确认无泄漏。

（4）负载试车

在空载试车合格后，按照试车方案逐步增加负载至满负荷运行，监测设备性能指标（如效率、能耗、精度等）是否符合设计要求。记录试车数据，分析设备运行状况。

（5）问题处理与整改

对于试车过程中发现的问题，及时停机检查并进行处理。必要时，可邀请厂家技术人员协助解决。整改完成后重新进行试车，直至设备完全符合要求。

（6）验收

组织相关部门进行验收，确认设备达到投用条件。

第五节　施工质量提升（创优）策划

一、策划先行、样板引路管理要点

① 针对工程中施工难点，通过深化设计、优化技术方案、研发或应用新技术、应用信息智能化技术等先进手段，化难点为亮点。

② 针对工程中的普通做法、传统工艺，施工时做到构思新颖、工艺精湛，精雕细刻出精品。

③ 将常见的随意施工，进行优化设计，将不协调转为协调。

④ 将传统质量问题，质量通病，"低、老、坏"产品加以控制，提高观感质量。

⑤ 针对使用率高、功能简单的部位，遵循以人为本的原则，进行细部深化设计、创新设计，更能满足现场生产操作人员人性化、个性化需求，使用更安全、方便。

⑥ 将虚拟建造转化为现实施工：针对复杂施工内容，采用 BIM 等先进数字技术进行虚拟建造，以减少专业冲突、优化施工流程、提高施工效率、节约人力和材料、降低建造成本。

⑦ 将传统的施工方法，通过创新组合，形成更安全、高效、节能的施工技术。

二、过程控制一次成优管理要点

（1）细部做法策划

根据项目具体情况，按照专业分类、施工部位进行细部详细策划设计，明确细部做法及工艺要求，分析研究项目常见质量问题，制定质量通病预防措施，并动态管理控制。常见质量问题可参考《化工建设工程施工常见质量问题与控制图解》（中国化工建设企业协会组织编写）。

（2）首件样板

根据项目实际创优创奖情况，编写现场拟要做的样板工程以及具体做法和实施管理。

（3）样板引路

根据项目具体情况制定样板引路计划，明确样板项目的选取原则、实施步骤及预期成果。

（4）样板评比

样板示范工程的范围内各施工单位开展样板评比活动，推广其主要做法、相关工艺和管理措施，以保证相关工程能够达到样板示范引领的作用。

第十章 工程总承包单位质量策划方案编制专项大纲

第一节 一般要求

① 根据总承包合同条款要求，对项目管理进行总体策划，编制形成项目实施规划。

② 按照国家法律法规和自身制度规定，选择具有相应资质及业绩的承包商、服务商。

③ 编制和组织实施项目质量策划方案，监督检查分包单位质量策划方案的编制和执行。

④ 检查工程建设项目质量，实施质量改进，对工程质量信息进行统计分析，掌握质量动态。

第二节 项目设计质量控制

围绕项目目标，参照第八章设计单位质量方案编制专项大纲进行质量策划。

第三节 设备材料采购管理质量控制

根据项目规模、组织机构及相关管理要求，建立项目采购管理制度，涵盖采购计划管理、供应商管理、采购与设计及施工的接口管理、工厂检验管理、物资运输与仓储管理等内容。

一、编制设备、材料采购方案

设备材料采购分为建设单位直接采购、总承包单位或设备安装单位、施工单位采购，采购责任单位应根据项目总体计划和相关设计文件的要求，编制设备材料采购方案，采购方案需明确采购的范围、内容、原则、程序、方式和方法。

二、设备、材料采购质量控制关键环节

（1）供应商管理

① 供应商评估。对供应商进行评估和选择，包括供应商的信誉、技术能力和服务质量等。

② 供应商选择。根据评估结果选择合适的供应商。

③ 供应商管理。包括供应商的合同管理、质量管理和交付管理等方面。

④ 供应商绩效考核。对供货商的工作执行动态的绩效考核，分级分类管理。

（2）询价技术文件与技术协议审查

明确询价技术文件与技术协议审查的内容与程序，对询价技术文件、技术协议的完整性与符合性进行审查。技术协议的签署应符合合同要求。

（3）划分设备材料重要性等级

依据设备材料的安全性、可靠性及在故障后果情况下造成的损失和影响程度，对设备材料的重要性进行量化分级。

设备材料的重要性等级划分应在采购文件编制前完成，并按规定程序审批。

（4）编制采购质量计划表

根据项目管理要求及设备材料重要性等级划分，确定工厂检验方式，编制采购质量计划表，并按规定程序审批。

（5）工程物资工厂检验

工厂检验通常采用驻厂检验、中间检验、出厂检验、到货验收的方式。

根据项目管理要求、采购合同及采购质量计划，结合制造商的制造能力和以往所供产品的质量水平，确认或调整采购质量计划中的检验方式，编制工程物资工厂检验计划，并按规定程序审批。

工厂检验依据设计文件、采购合同、技术协议、批准的工程物资工厂检验计划、产品检验试验计划和项目相关管理文件进行，按要求形成检验试验记录和检验报告，对于检验合格的物资签发产品放行单。

工厂检验过程中发现的不符合情况，按不符合管理程序进行处理，并按要求及时向相关人员、相关方传递相关信息。

工厂检验人员可采用自有的监造工程师或委托第三方监造单位进行监检。

（6）编制工程物资到货检验计划

采购部门编制工程物资到货检验计划，明确到货物资的检验项目、检验方式、检验比例，必要时还应明确检验人员及分工，用于指导工程物资的到货检验，并按规定程序审批。

（7）到货检验

① 工程材料进场前必须进行报验，验收合格后方可使用。

② 工程设备、材料材质、规格、型号应符合设计文件、技术规格书、标准规范要求。

③ 工程设备、材料质量证明文件应齐全、合法有效。实施复验的材料，应具有对应批次的复检报告。

④ 到货检验应按要求形成相关检验记录，发现不符合时，应按不符合管理程序进行处理，对不合格品进行标识、隔离和妥善保管，并及时向物资采购、施工、质量等相关人员传递相关信息。

⑤ 材料及设备使用前应按照施工图纸核对，防止错用。

⑥ 施工单位对已进场的甲方供应材料质量有疑问时，应报监理单位进行确认。

三、物资储运质量控制

（1）设备材料运输质量控制

审查进出口物资、大型物件、危险货物的运输方案，主要审查包装、防腐保养与成品保护措施内容。

检查设备装箱和发运前状态，包括设备防腐、防护、包装措施和标识符合性，设备重心吊点、收发货标记，装箱单、随机文件和附件等。

（2）仓储管理

仓储管理包括工程物资接收、入库、保管和出库管理，确保到货工程物资管理规范有序。

根据批准的工程物资采购计划、施工总平面规划、工程物资种类、规格和数量及物资到货计划，组织编制工程物资仓储方案，按方案组织建设仓储设施，并配备仓储管理人员与相关机械设备。

物资入库前应按工程物资到货检验计划完成检验工作。到货物资按物资类别、材质、规格分区分类存放，做到标识明显、材质不混、数量准确。将合格品、不合格品、待检品分别摆放在不同的区域，并在各区域的醒目位置放置状态标识牌。

按物资的类别和特性做好物资防护工作，防止物资在保管期间受损。在有保质期要求的物资上标注保质日期，防止物资过期失效。

按要求进行仓储管理工作，形成相关记录和报告，并向相关方传递相关信息。

第四节　施工过程质量控制

一、设计交底质量控制

施工单位项目部技术负责人应组织有关专业人员熟悉设计文件及施工图，整理疑点和问题，参加图纸会审和设计交底。

二、施工分包质量管理

① 将施工分包商纳入项目部质量管理体系，对分包工程施工过程实施质量控制。

② 在分包项目实施前，项目部审核分包方编制的施工方案，并对分包商进行项目质量计划交底和质量培训。

③ 项目部按合同约定，对分包方人员资格、施工设备、机具的配置是否满足施工进行确认。

④ 项目部审查分包商技术、质量管理人员的到位情况，检查分包商施工人员的质量行为。

⑤ 项目部对分包工程实体质量进行检查、验收，发现问题及时提出整改意见并跟踪复查。对分包商出现的质量问题应按照合同约定进行处理。

第五节　预试车阶段质量控制

一、编制预试车管理计划

预试车管理计划的主要内容应包括：总说明、组织及人员、进度计划、费用计划、文件编制要求、准备工作要求、培训计划和建设单位及相关方的责任分工等内容。

预试车管理计划应按项目特点，合理安排预试车程序和周期，并与施工及辅助配套设施试运行相协调。

二、编制培训计划

培训计划应根据合同约定和项目特点进行编制。

培训计划一般包括：培训目标、培训的岗位和人员、时间安排、培训与考核方式、培训地点、培训设备、培训费用以及培训教材等内容。

三、编制预试车计划和操作手册

明确预试车过程的质量控制点和合格标准。负责预试车现场的各项准备工作，检查其质量和供应情况，以确认符合设计文件和试运行进度的要求。指导、检查、确认安全设施符合安全和其他规定。

四、预试车工作

项目部应予指导、监督并确认预试车结果，协助处理预试车中出现的施工问题。承包方组织收集、整理、编目和归档试运行质量记录。

五、编写预试车总结报告

预试车项目经理组织编制试运行总结报告，经承包方、建设单位的授权人员共同签署确认。预试车总结报告内容应包括预试车项目、日期、参加人员、简要过程、预试车结论和存在的问题。报告的文字应简明扼要和准确。总结报告的格式和份数由承包方提出，业主确认。

第六节　中间交接与交工验收阶段质量控制

一、中间交接质量控制要点

工程按设计内容施工完成，在施工承包商自检合格后，总包单位报请建设单位组织相关方按系统或单元、单位和单项工程，分专业进行"三查四定"。

总包单位组织总包合同范围内的尾项收尾和整改工作，完成中间交接前相关记录和技术资料的准备，按合同约定或规范要求的中间交接条件项进行检查确认，具备条件后向建设单位申请中间交接。

总包单位参加建设单位组织的中间交接，取得相关方签署的中间交接证书。

工程中间交接的内容主要包括：

① 按设计内容和施工验收规范对工程实物量逐项进行检查、核实并交接；

② 工程质量资料及有关调试记录的审核、验收和交接；

③ 安装专用工具和剩余随机备件、材料的清点、检查和交接；

④ 随机技术资料的交接；

⑤ 清理工程尾项，确认完成时间。

二、工程交工验收质量控制要点

工程内容已按合同完成，验收合格，按规范及合同约定向建设单位移交了建设工程交工技术文件，并出具工程质量保修书，工程项目经投料试车产出合格产品或具备使用条件后，总包单位向建设单位提出工程交工验收申请。

总包单位参加建设单位组织的交工验收，取得相关方签署的工程交工证书。

第十一章　监理单位质量策划方案编制专项大纲

第一节　一般要求

一、编制监理规划

按照国家和行业的法律法规，设计文件，工程建设的规范、标准、合同等组织编制项目监理规划。监理规划应包括如下内容：

① 工程项目概述；

② 工程项目特点、难点；

③ 拟派监理机构及监理人员情况；

④ 监理岗位责任制；

⑤ 拟采用的组织管理方案（质量、安全、环境、进度、费用、合同管理的内容、措施、程序等）；

⑥ 拟投入使用的监理办公生活设施；

⑦ 提供给建设单位的阶段性监理文件。

二、编制监理实施细则

依据施工图纸、技术规格书、标准图集规范、施工方案等文件编制监理实施细则。监理实施细则内容包括：

（1）工程概况

包括但不限于施工图纸、设计交底、施工组织设计或方案等内容，并突出分项和分部工程的特点，如设计要求、技术难点等。

（2）编制依据

应明确其法律法规及行业标准依据，确保细则符合国家、地方、行业和建设方的要求。

（3）监理工作目标

明确工程质量、安全和进度等方面的目标。

（4）监理工作方法与措施

（5）安全生产管理和环境保护

包括安全生产责任制，以及施工现场的安全检查和隐患整改机制。

在施工过程中要采取必要的环境保护措施，防止污染环境。

（6）专业监理工程师职责分工

明确规定监理人员的分工和职责，从而保障工程顺利进行。

（7）特殊工艺和设备的监理要点

对于大型设备基础施工或者具有特殊性的工艺，应该包含针对这些特定情况的监理要点和注意事项。

（8）验收标准

针对化工石油装置的特点，除编制工程建筑各分部监理细则外，还应编制：

工业设备安装监理细则、工业管道安装监理细则、动设备安装监理细则、静设备安装监理细则、工业电气安装监理细则、工业仪表安装监理细则、工业防腐绝热监理细则、大型压缩机组安装监理细则、大型设备或结构吊装监理细则、高压或超高压管道监理细则、特种材料焊接监理细则、反应器或塔内件安装细则、受限空间作业监理细则、大型储罐（球罐、低温 LNG 储罐等）监理细则、工业制冷设备监理细则、高纯度氧气设备或管道监理细则、大型设备或压力容器监造实施细则、高严密性系统监理细则等。

三、项目监理制度

根据项目具体情况和监理工作范围建立项目监理机构日常运行监管制度。

如：监理目标质量管理考核制度、项目执行计划动态评价制度、专业组运行管理制度、作业指导书确认制度、专项检查制度等。

四、组织质量管理文件审查

① 审查、审核各类施工组织设计、专项施工方案。

② 审查、审核各类危大或超危大分部分项工程专项方案，参与方案的评审。

③ 组织各类技术质量方案、监理细则的技术交底。

④ 总监理工程师参加由建设单位主持召开的第一次工地会议，介绍监理工作的目标、范围和内容、项目监理机构及人员职责分工、监理工作程序、方法和措施等。

五、项目监理协调管理

① 定期召开监理例会，并组织有关单位研究解决与监理相关的问题。

② 检查承包商资质和现场项目管理机构的质量管理体系及运行情况。

③ 督促承包商完成交工资料的整理及归档工作，审核承包商提交的质量周报和月报并定期向建设单位上报。

④ 工程质量监督计划确定的停检点、必检点，及时向监督机构报验。

第二节　工程勘察监理质量控制

① 协助建设单位编制工程勘察任务书和选择工程勘察单位，并协助签订工程勘察合同。

② 审查勘察单位提交的勘察方案，提出审查意见，并报建设单位。

③ 检查勘察现场及室内试验主要岗位操作人员的资格，设备、仪器计量的检定情况。

④ 督促勘察单位完成勘察合同约定的工作内容，审核勘察单位提交的勘察费用支付申请表，以及签发勘察费用支付证书，报建设单位。

⑤ 检查勘察单位执行勘察方案的情况，对重要点位的勘探与测试进行现场检查。

⑥ 审查勘察单位提交的勘察成果报告，必要时组织专家对各阶段的勘察成果报告进行论证或审查，并向建设单位提交勘察成果评估报告，参与勘察成果验收。

⑦ 做好后期服务质量保证，督促勘察单位做好施工阶段的勘察配合及验收工作，对施工过程中出现的问题进行跟踪。

⑧ 检查勘察单位技术档案管理情况。

第三节　工程设计监理质量控制

① 协助建设单位组织对新材料、新工艺、新技术、新设备工程应用的专项技术论证与调研。必要时应协助建设单位组织专家评审。

② 设计成果审查。协助建设单位组织专家对设计成果进行评审。审查设计单位提交的设计成果，并提出评估报告。

③ 协助建设单位建立设计过程的联席会议制度，组织设计单位各专业主要设计人员定期或不定期开展设计讨论，共同研究和探讨设计过程中出现的问题。

④ 协助建设单位开展深化设计管理。

⑤ 协助建设单位开展施工图设计的送审工作。

⑥ 监理机构应安排监理人员参加建设单位主持的图纸会审和设计交底会议，会议纪要应由总监理工程师签认。监理机构如发现工程设计文件中存在不符合建设工程标准或

施工合同约定的质量要求时，应通过建设单位向设计单位提出书面意见或建议。

第四节　工程施工监理质量控制

一、现场监理工作方式

监理工程师应当采取巡视、旁站、见证取样和平行检验等形式，对建设工程实施监理。

（1）巡视检查工作要点

① 施工单位是否按工程设计文件、标准和批准的施工组织设计、施工方案施工；

② 使用的工程材料、构配件和设备是否合格；

③ 施工现场管理人员是否到位；

④ 特种作业人员是否持证上岗；

⑤ 现场质量管理行为和实体质量。

（2）旁站工作要点

① 根据工程特点和施工单位报送的施工组织设计，将影响工程主体结构安全的、完工后无法检测其质量的或返工会造成较大损失的部位及其施工过程作为旁站的关键部位、关键工序，并书面通知施工单位。

② 在需要实施旁站的关键部位、关键工序进行施工前，安排监理人员实施旁站，并形成旁站记录。旁站记录内容应真实、准确并与监理日志相吻合。工程竣工验收后，应将旁站记录存档备查。

（3）见证取样工作要点

① 在与建设单位签订的监理合同中应约定见证取样的材料、数量、比例和费用等内容。

② 工程项目施工前，由施工单位和项目监理机构共同对见证取样的检测机构进行考察。

③ 审查施工单位报送的用于工程的材料、构配件、设备的质量证明文件，并按规定对用于工程的材料进行见证取样。

（4）平行检验工作要点

① 平行检验工序可结合工程项目划分文件及相关质量验收规范中有关检验批的规定进行设置。平行检验项目应与相关质量验收规范规定的检验批检验项目保持一致。

② 平行检验的抽检比例应不低于质量验收规范的规定。

③ 平行检验的合格标准应符合相关质量验收规范规定，并填写平行检验记录。

二、项目开工前监理工作控制要点

① 总监理工程师组织专业监理工程师审查施工单位报审的施工组织设计、质量计划和专项施工方案，审查检测单位报审的检测方案、试验室方案等，符合要求时，总监理工程师签认后报送建设单位审批。

② 审查施工单位的分包管理情况。

③ 组织开展开工条件审查确认。

三、工程施工阶段监理工作控制要点

① 项目监理机构发现施工存在质量问题的，或施工单位采用不适当的施工工艺或施工不当，造成工程质量不合格的，应及时签发监理通知单，要求施工单位整改。

② 监理人员发现可能造成质量事故的重大隐患或已发生质量事故的，总监理工程师应签发工程暂停令。总监理工程师签发工程暂停令，应事先征得建设单位同意。在紧急情况下，未能事先征得建设单位同意的，应在事后及时向建设单位提供书面报告。施工单位未按要求停工，项目监理机构应及时报告建设单位，必要时应向有关主管部门报送监理报告。

③ 危险性较大的分部分项工程要严格按照《危险性较大的分部分项工程安全管理规定》实施监理。

④ 严格执行上道工序未经检查验收不得进入下道工序的工序交接制度。

⑤ 利用经济措施控制工程质量

a. 认真审核各种技术经济方面的签证，工程款拨付实行质量否决制度。

b. 正确运用支付手段，对报验资料不全、不符合质量标准和达不到验收要求的工程量、未经监理质量验收或验收不合格的工程内容不予计量签认支付。

c. 因施工方原因所造成的质量问题或事故处理所产生的费用坚决不予签证。

d. 对施工承包合同中明确有关工程施工质量的奖罚条款，以合同为准绳，正确处理建设过程的质量奖惩。

四、质量验收阶段监理工作控制要点

① 项目监理机构应组织对施工单位报验的隐蔽工程、检验批、分项工程和分部工程进行验收。

② 项目监理机构应组织工程交工预验收，预验收前应编制预验收实施方案，报建设单位批准，完成工程预验收后应编制工程预验收报告及存在问题清单，存在问题整改完成后应上报建设单位预验收问题整改情况报告。

③ 工程预验收完成后，项目监理机构应编制单位工程质量评估报告，并经总监理工程师和监理单位技术负责人审核签字后报送建设单位。

④ 项目监理机构应参加由建设单位组织的竣工验收，对验收中提出的整改问题，应督促施工单位及时整改。

五、质量记录资料的管理

质量记录资料包括以下内容：

① 施工现场质量管理检查记录资料；

② 工程材料质量记录；

③ 施工过程作业活动质量记录资料。

施工质量记录资料应真实、齐全、完整，相关各方人员的签字应齐备、字迹清楚、结论明确，与施工过程的进展同步。在对作业活动效果的验收中，如缺少资料或资料不全，项目监理机构应拒绝验收。

第五节　设备制造质量控制

一、设备制造的质量控制方式

对于某些重要的设备，项目监理机构可对设备制造厂生产制造的全过程实行监造。对主要设备或关键设备，项目监理机构应将设备制造厂视为工程项目总承包单位的分包单位实施监理。

（1）驻厂监造

对于特别重要的设备，项目监理机构应成立相应的监造小组，编制监造规划，由监造人员实施设备制造全过程的质量监控，对出厂设备签署质量证明文件。

（2）巡回监控

对某些制造周期长的设备，监造人员还应定期及不定期地到制造现场，通过审查设备制造生产计划和工艺方案，见证复核性检验，抽检复核质量检验结果，对主要及关键零部件的制造工序进行检查，参加整机装配及整机出厂前的检查验收等。

（3）定点监控

普通设备可以采取定点监控的方式。设置质量控制点，做好预控及技术复核工作。

二、设备制造的质量控制内容

（1）设备制造前的质量控制

① 熟悉图纸、合同，掌握相关的标准、规范和规程，掌握设计意图，明确质量要求。

② 审查设备制造的工艺方案。

③ 审查检验计划和检验要求，同时审查检测设备和仪器、制造厂的试验室资质、管理制度等。

④ 检查生产人员上岗资格，尤其针对特殊作业工种，应严格管理。

⑤ 对原材料、外购标准件、配件、元器件以及坯料的材质证明书、合格证书等质量证明文件及制造厂自检的检验报告进行审查，并对外购器件、外协作加工件和材料进行质量验收。

（2）设备制造过程的质量控制

① 对加工作业条件的控制

包括对操作者的技术交底，加工设备的完好情况及精度，加工制造车间的环境，生产调度安排，作业管理等。

② 对各工序产品的检查与控制

包括操作者自检与下道工序操作者的交接检查，车间或工厂质检科专业质检员的专业检查，以及项目监理机构必要的抽检、复验或检查。

③ 对不合格零件的处置

分析产生的原因并指令设备制造单位消除造成不合格的因素。项目监理机构还应掌握返修零件的情况，检查返修工艺和返修文件的签署，检查返修件的质量是否符合要求。

（3）设备装配和整机性能检测

① 项目监理机构应监督装配过程。

② 参加设备的调整试车和整机性能检测，记录数据，验证设备是否达到合同规定的技术质量要求、是否符合设计和设备制造规程的规定，符合要求后应予以签认。

（4）设备运输与交接的质量控制

① 检查运输防护和包装措施。

检查是否符合装卸、储存、安装的要求，以及相关的随机文件、装箱单和附件，符合要求后由总监理工程师签认同意后方可出厂。

② 审查设备运输方案。

③ 确定参加设备交接的单位及人员。

第十二章 资料收集归档质量控制

工程技术资料应具有真实性、完整性、有效性及可追溯性。即：资料内容完整齐全、真实有效、具有可追溯性。

第一节 设计资料收集归档

一、设计阶段文件

（1）前期设计文件

① 可行性研究报告：项目背景、技术经济分析、环保与安全评估等。

② 设计任务书：业主需求、设计范围、技术标准及目标。

③ 立项批复文件：政府或主管部门的立项批准文件。

④ 选址报告及批复：厂址选择论证、地质勘察报告、环境影响评价批复。

（2）初步设计文件

① 初步设计说明书：工艺路线、设备选型、总图布置、公用工程方案等。

② 工艺流程图：主工艺流程及关键参数。

③ 总平面布置图：厂区功能分区、设备布局、管线走向。

④ 设备清单：主要设备规格、材质、数量及技术参数。

⑤ 投资概算书：初步设计阶段的投资估算。

（3）详细设计文件

① 施工图设计文件：包括工艺、管道、仪表、电气、结构、建筑等专业图纸。

② 管道仪表流程图：详细标注设备、管道、阀门、仪表及控制逻辑。

③ 设备布置图、管道布置图：三维模型或平面图。

④ 设备数据表：设备技术参数、材质、制造标准。

⑤ 材料清单：管道、阀门、仪表等材料的规格、数量及标准。

⑥ 计算书：如工艺计算、应力分析、安全阀选型计算等。

⑦ 技术规格书：设备、材料的技术要求和验收标准。

二、设计审查与变更文件

① 内部设计评审会议纪要（各专业会签记录）。

② 外部专家评审意见及整改报告。

③ 政府或行业主管部门的设计审查批复（如消防、环保、安全审查）。

④ 设计变更申请单（原因、内容、影响分析）。

⑤ 变更评审记录及批准文件。

⑥ 更新后的图纸及技术文件（标注版本号及修订日期）。

三、合规性与专项设计文件

① 安全与环保专篇。

② 职业病防护设施设计专篇。

③ 特种设备设计文件。

四、施工与验收关联文件

① 设计交底记录（设计意图、关键节点说明）。

② 施工图会审记录及问题答复。

③ 竣工图纸（需加盖竣工图章，标注与实际施工的一致性）。

④ 设计单位对竣工图的确认文件。

⑤ 设计单位参与的竣工验收报告。

⑥ 政府专项验收文件（消防、环保、安全验收）。

五、其他关键文件

① 知识产权文件。

② 电子文件与模型。

③ 设计总结与后评价。

第二节 采购资料收集归档

一、采购管理文件

（1）采购计划与审批文件

① 项目采购计划（物资清单、预算、时间安排）。

② 采购方式审批文件（公开招标、邀请招标、竞争性谈判等）。

③ 采购申请单及审批流程记录。

（2）供应商管理文件

① 合格供应商名录（含资质审查记录）。

② 供应商评估报告（技术能力、业绩、信誉等）。

③ 供应商资质文件（营业执照、资质证书、ISO 认证、特种设备生产许可证等）。

（3）招标投标文件

① 招标公告 / 投标邀请函。

② 招标文件（技术规格书、商务条款、评标办法）。

③ 投标文件（技术方案、商务报价、资质证明）。

④ 开标记录、评标报告、中标通知书等。

⑤ 投标保证金 / 保函文件等。

（4）合同文件

① 采购合同及附件（技术协议、供货范围、验收标准）。

② 合同变更 / 补充协议（如有）。

③ 履约保函 / 质保金文件。

二、物资验收与交付文件

（1）到货验收记录

① 到货验收单（数量、外观、规格型号核对）。

② 质量检验报告（第三方检测报告、材质证明、压力容器监检证书等）。

③ 不合格品处理记录（退货、返修、索赔等）。

（2）物流与仓储文件

① 运输单据（提单、装箱单、保险单）。

② 入库单、出库单、库存盘点表。

③ 特殊物资（危险化学品、易损件）的储存记录。

（3）设备技术文件

① 设备出厂资料（合格证、操作手册、图纸、保修卡）。

② 压力容器 / 管道等特种设备的监检证书。

三、付款与结算文件

① 发票（增值税专用发票、形式发票等）。

② 付款申请单、付款凭证（银行回单）。

③ 结算确认单（双方签字盖章）。

四、审计与合规文件

五、技术协议与售后服务

① 技术协议（性能参数、验收标准、测试方法）。
② 操作维护手册、培训记录。
③ 设备调试报告、试运行记录。
④ 质保期内维修 / 更换记录。
⑤ 供应商售后服务承诺书。

六、其他重要文件

① 采购会议纪要、谈判记录。
② 与供应商的往来函件（邮件、信函）。
③ 问题处理记录（争议解决、索赔等）。
④ 环保验收文件（如涉及危化品）。
⑤ 安全验收文件（压力容器、防爆设备等）。
⑥ 采购工作总结报告。
⑦ 供应商后评价报告（履约能力、服务质量）。

第三节　工程技术资料收集归档

一、施工过程工程技术资料的收集和整理

① 工程技术资料的形成，涉及多个部门和专业，要求人员配备齐全，界面分工明确，责任落实到位。项目要指定资料员，负责工程技术资料的收集、整理工作。相关的参与人员要经过统一培训、交底。

② 工程资料应齐全完整、编目清楚、内容翔实、数据准确，各项试验、检测报告完全合格，隐蔽工程验收签证齐全等。

③ 在工程开工前要明确资料编制标准和依据（地方标准、企业标准、国家标准），以保证资料形成的统一性、系统性；资料多级目录（总目录、分卷目录、子目录）清楚，便于检查和查找；资料内容齐全、真实、可靠、及时，填写规范，签名盖章完整；资料纸张规格统一，装订整齐，封面美观，有统一的资料盒。资料管理小组要定期组织召开专题会，对工程资料进行检查、审核，以保证工程资料管理的各项工作与要求同步。

二、工程竣工的各项验收资料

① 档案验收：城建档案馆对工程资料是否齐全、是否符合档案管理要求的验收。

② 消防验收：公安消防部门对工程是否满足消防要求的验收。主要包括对设计审查的意见书、工程验收意见书、消防技术检测部门的检测报告、施工单位的消防施工许可证等。

③ 人防工程验收：人民防空办公室（部门）对人防工程是否满足设计和人防要求的验收。

④ 规划验收：工程建设规划部门对工程竣工后其规模（主要指建筑面积）是否符合立项报建审批的相关要求进行验收。

⑤ 环保验收：国家环保部门对工程投入生产、运营后所产生的污染源（废气、废水、噪音等）是否采取治理措施，是否满足工程立项时环境污染评估要求的验收。

⑥ 室内环境检测：国家法定检测机构对工程竣工后室内环境污染物（氡、苯、氨、游离甲醛等）浓度进行检测，检测其各项指标是否符合相关规定。

⑦ 卫生监督管理部门的验收：主要对工程生活用水水质的检测验收。

⑧ 防雷装置验收：地方气象主管机构的检测验收等。

⑨ 节能验收：节能专项验收等。

⑩ 特种设备验收：对电梯、起重设备、锅炉、压力容器、压力管道等的验收。

⑪ 行业内的专项验收：工程建设单位的主管部门对工程投入使用后其各项技术经济指标是否满足设计（生产）要求的检验。如：电力、石化、冶金等达产验收，污水处理厂的治污、排污能力验收，电信工程的网络规模、技术服务水平验收等。

三、制定合规合法性文件办理和收集措施

（1）明确办理要求

仔细研究相关法律法规、政策以及业务规范，确定所需文件的具体内容、格式、审批流程等要求。

（2）建立办理流程表

对文件办理的各个环节，包括起草、审核、签字、盖章、提交等步骤，制作详细的流程表，记录办理时间、进度和负责人，方便跟踪和催办。

（3）加强沟通协调

与审批部门保持良好的沟通，及时了解文件办理情况。

（4）梳理文件清单

根据业务需求和合规要求，列出需要收集的文件清单（表12-1、表12-2），明确文件的名称、类型、来源等。

表12-1　工程建设前期审批、许可文件

文件名称	审批、许可单位	涉及或部分涉及的工程类别
立项审批	发展改革委（厅、局）	全部类别工程
土地使用证（不动产权证）	自然资源部（厅、局）	全部类别工程
环境影响评价审批	生态环境部（厅、局）	全部类别工程
用地规划许可	自然资源部（厅、局）	全部（除铁路工程外）
工程规划许可	自然资源部（厅、局）	全部（除铁路工程外）
用海许可	自然资源部	海港、核电（滨海）、海上风（光）电、海上油（气）
水土保持方案审批	水利部（厅、局）	公路、铁路、水利、水运、煤矿、冶金、有色、电力、核电、园林
矿界范围划定审批	自然资源部（厅、局）	煤矿工程
地质灾害评价审批	自然资源部（厅、局）	煤矿工程
水资源论证（取水）审批	水利厅（局）	煤矿工程
安全预评价（安全专篇）审批	省应急管理厅	煤矿工程
矿山地质环境保护方案审批	省自然资源部门	煤矿工程
开办煤矿准入条件审批	省能源局	煤矿工程
采矿许可	自然资源部门	煤矿工程
危险化学品安全许可	省应急管理厅	石油、石化、化工工程
厂址安全分析报告批复	核安全监管部门	核电工程
安全分析报告批复	核安全监管部门	核电工程
质保大纲批复	核安全监管部门	核电工程
开工批复	建设单位上级部门	除房屋、市政、核电以外的工程
建造许可	核安全监管部门	核电工程
施工许可	县级以上建设行政主管部门	房屋、市政工程

注：以上合法性文件供参考，按申报工程实际为准。

表12-2　工程专项验收文件

文件名称	验收单位（机构）	涉及或部分涉及的工程类别
规划验收	自然资源部（厅、局）	全部工程类别
环境保护验收	生态环境部（厅、局）	全部工程类别
水土保持验收	自然资源部（厅、局）	公路、铁路、水利、煤矿、冶金、有色、核电、园林等工程
用海验收	自然资源部（厅、局）	海港、核电（临海）、海上风电、海上光电、海上石油等工程
消防验收	县级以上建设行政主管部门	具有消防设施的全部类别（海上风电由有资质的第三方出具检测报告）
人防验收	县级以上建设行政主管部门	具有人防工程的全部类别
移民专项验收	水利部	水电工程、水利工程（水库）
运行许可	核安全监管部门	核电工程
职业卫生验收	地方卫生行政管理部门	除房屋建筑、市政、道路、铁路以外的各类工业工程
工程档案验收	上级主管单位或地方档案行政管理部门	全部工程类别

四、制定影像视频、照片收集措施

① 为实现工程质量目标，在日常施工中应善于发现亮点，配合文字说明对工程质量工作进行宣传、推广并制造声势。在收集工程资料时，应加强对影像资料的收集和整理工作。这些影像资料比文字说明更加形象、直接、富有表现力和说服力，能够给观看者带来视觉冲击，从而达到工程的宣传目的。

② 工程影像包括的内容：全面反映工程的基本情况、工程特点和难点、科技含量、新技术应用、施工中的质量管理、施工各阶段（包括结构和设备安装）的工程的重要部位和不同功能部位的工程质量情况、工程的特色及经济、社会效益等。

③ 工程影像应达到的效果：画面清晰美观，内容编排紧凑，展示工程英姿，突出质量亮点、技术特色和卓越的施工管理水平。解说词清楚且与画面同步，音乐轻盈柔和，能给观看者留下深刻印象。

④ 工程施工过程影像资料的收集

工程录像原始素材的积累：用于汇报的工程录像由工程施工过程中大量的原始素材精选编辑而成。所以，在日常施工中要注意做好一些基本素材的收集、积累工作，具体应该策划好以下两个方面的工作：

a. 明确拍摄的内容，主要包括重点部位、关键工序的施工，重要节点、隐蔽工程的施工，细部处理及经典做法，"四新"技术应用，质量亮点展示（如设备安装、管线布置、保温、变配电箱、电缆的敷设等），主要公共功能区的整体效果（如走道、会议室、水泵房等）；

b. 根据工程特点，结合相关要求，编制影像资料拍摄计划。计划要根据工程不同的施工阶段（基础施工、主体结构施工、装饰工程施工、安装预埋、设备安装、工程竣工等）、不同的施工工艺和工程不同的功能区间进行编制，要注明拍摄内容 / 主题、拍摄时间和图片 / 画面要达到的具体效果（如安装精细程度、线管成排成列布置、亮点的局部特写等），防止拍摄内容重复。

⑤ 影像资料的编辑与制作

解说词的编写：解说词内容要涵盖工程建设的全部主要内容且突出重点，反映工程的特点难点和质量亮点，做到多用数据说话，防止内容空洞、乏味。

工程录像中应避免出现的问题：画面模糊清晰或不美观，镜头颤动；配乐声过大，掩盖解说员的声音；出现违规违章施工的场景；出现与主题无关的镜头（如开工典礼、领导视察等）；出现存在材料或施工质量缺陷的片段；未能突出质量亮点等。

录像片制作需包含以下内容。

a. 工程概况：用约 20s 时长来介绍工程的投资、设计、承建各方情况；介绍工程的设计思路、工程规模等；介绍工程的开 / 竣工时间、工期、造价等情况；

b. 工程建设程序的合法性；

c. 工程建设特点、亮点和难点：用约 40s 时长介绍该工程的特点、亮点，重点突出技术含量高、施工难度大的特点；

d. 建设过程质量管控措施；

e. 重要部位及隐蔽工程的质量检验情况；

f. 关键技术及科技进步情况；

g. 节能环保措施与成效；

h. 工程获奖情况以及取得的经济和社会效益等：用约20s时长简要介绍本工程所获得的质量、安全优质奖项，展示获奖证书的扫描件；同时呈现业主对工程质量及社会效益的评价，并附上评价文件的扫描件；

i. 工程亮点：用约100s时长，根据工程的特点、难点，针对性详述施工过程中采用的新技术、新材料、新工艺及管理经验；

j. 工程的全面质量管理措施：这是本录像资料的核心，用约120s时长重点描述本工程的质量情况，特别是施工质量标准超出规范的部分，以及采用新材料、新工艺施工后所达到的效果；

k. 安全环保：重点描述本项目为避免发生一般及以上安全事故及环境污染事故，所采用的绿色施工技术和安全文明标准化工地的建设。

五、制订创优成果总结、成果评价、鉴定、获奖证书等资料收集措施

① 制订创优创奖目标计划。根据合同或相关要求制订质量创优创奖目标计划，并进一步制订详细的各类科技创新成果计划（QC、专利、工法、科技进步等）。

② 做好创优创奖策划和实施。从项目中标后开始，对工程项目勘察、设计、施工、采购、验收、运行等全过程以及创优创奖的组织申报进行精心策划，编制创优创奖策划，并组织落实。

③ 统筹创优创奖资源。根据创优创奖工作计划，统筹配置资源，在人、财、物等各方面给予支持，加强与建设单位、推荐单位以及拟创优创奖项目所在地方行政主管部门的联系，主动对接，争取支持，确保各项工作顺利开展。

④ 强化过程管理。强调事前计划、事中管理、事后总结，加强工程项目过程管理，使工程项目质量、安全、环保、进度、成本等处于受控状态。

⑤ 根据创优创奖成果进行总结，总结资料主要包含工程概况、工程特点难点重点、质量通病防治、新技术应用情况等，内容应详尽、图文并茂、重点突出。影像资料的解说词要语言精练、层次清晰、重点突出，画面清晰、无抖动、切换自然，配音与画面同步。

第十三章　科技创新及新技术推广应用

第一节　科技创新及新技术推广应用的主要内容

设计创新：包括化工生产工艺技术创新、化工产品创新、化工建设工程设计技术创新。

新技术应用：采用住房和城乡建设部推广应用的建筑业 10 项新技术（10 个大项 107 个分项），或采用中国化工建设企业协会编著的《化工建设施工新技术（2024）》一书中的对应部分（15 大项 128 分项）。

科技进步与创新：积极采用新技术、新工艺、新材料、新设备，并在关键技术和工艺上有所创新的技术，即自主创新技术。

科技成果：包括标准规范、工法、专利（发明专利、实用新型专利）、论文、科技进步奖、软件著作权、科技示范工程、新技术应用示范工程等。

第二节　科技创新及新技术推广应用策划要点

① 明确组织机构和职责分工。

② 明确目标。

③ 技术指标：包括质量、安全、进度、环境指标。

④ 经济指标：经济效益指标。

⑤ 成果指标：包括标准规范、工法、专利、论文、科技进步奖、软件著作权、科技示范工程、新技术应用示范工程等。

⑥ 明确重点任务。

⑦ 新技术推广应用：建筑业 10 项新技术。

⑧ 工程关键技术研究：结合工程实际，开展关键技术研究。经过查新鉴定的技术，可作为自主创新技术。

⑨ 过程管理：中期检查、验收。

⑩ 科技创新成果申报。

第十四章　绿色建造

第一节　绿色设计

一、绿色设计的主要内容

① 生产工艺：与同类工程相比其工艺的绿色性、先进性。

② 能源消耗：评估设计在生产过程中的能耗，与同类工程相比是否能实现节能降耗。

③ 资源利用：分析原材料的选用、回收利用情况，评估资源节约程度。

④ 环境影响评价：考察设计对环境的负面影响，如废弃物排放、碳排放等。

⑤ 创新技术应用：检查是否采用新技术、新工艺、新材料，提升了绿色性和先进性。

二、项目深化、优化绿色设计途径

① 材料选择：优先选用环保、可回收、低能耗的材料，减少对环境的影响。

② 结构优化：调整产品结构，提高材料利用率，减少废弃物产生。

③ 功能整合：整合绿色功能，如节能、减排、降碳等，提升产品整体环保水平。

④ 设计创新：引入新型绿色设计理念，如模块化设计、生命周期设计等，实现可持续发展。

第二节　绿色施工

一、明确绿色施工措施和要求

建设工程绿色施工是指在建设过程中，通过科学管理和技术手段，最大限度地节约资源、减少对环境的负面影响，并实现节能、节地、节水、节材和环境保护的一种施工理念。

（1）环境保护措施和要求

建立环境保护管理制度，确保施工过程中对周边环境的影响降到最低。在施工现场设置环境保护标识，提醒施工人员注意环保要求。制订并执行施工现场古迹、文物、墓穴、树木、森林及生态环境的保护措施。严禁在施工现场焚烧废弃物，合理处理建筑垃圾，不得采用有毒有害废弃物进行土方回填。

（2）资源节约措施和要求

建立材料采购、限额领料、建筑垃圾再生利用等管理制度，提高资源利用率。在绿色施工策划文件中包含节材与材料资源利用的内容，并制定具体的材料进场计划。尽量选择就近的工程材料，减少运输过程中的能源消耗。

（3）水资源的保护、节约措施和要求

建立水资源保护和节约管理制度，制定水资源消耗总目标和不同施工区域及阶段的水资源利用计划。在绿色施工策划文件中涵盖节水与水资源利用的内容，提高水资源利用效率。

（4）节能措施和要求

采用节能型建筑材料和施工工艺，减少能源消耗。优化施工方案，减少施工过程中的能源浪费。

（5）绿色施工技术措施和要求

采用绿色施工技术，如粘贴岩棉（矿棉）板外保温系统、硬泡聚氨酯喷涂保温施工技术等。

使用绿色建材，如铝合金窗断桥技术等。

（6）施工管理和监督措施和要求

二、建立健全绿色施工的管理制度

确保绿色施工的顺利进行。对施工人员进行绿色施工的培训和教育，增强环保意识。定期对施工现场进行检查，确保各项绿色施工措施得到有效执行。

（1）制定绿色施工方案，明确绿色施工目标

制定绿色施工方案，需结合项目特点，遵循节能减排原则，制定科学管理、技术创新、节约资源和保护环境方面的措施，确保质量与安全。

根据项目特点和施工地的实际情况，设定具体的绿色施工目标。这些目标应包括但不限于节能减排、资源节约、环境保护等方面。

（2）参与绿色施工评价

确保项目符合绿色施工评价的基本条件，编制绿色施工方案和实施规划，包括绿色施工管理、环境保护与安全、资源节约与循环利用、绿色科技创新与应用、绿色可持续发展等方面的内容。根据评审的意见，总结评价过程中发现的问题和改进措施，形成总结报告并持续改进，根据评价结果，对项目进行持续改进，提升绿色施工水平。

第三节　绿色运营

一、明确绿色生产措施和要求

首先需制定具体的环境保护措施，包括节能、减排、废弃物管理等；其次，设立环保目标和指标，确保生产过程符合相关标准；最后，通过定期评估和监督，确保各项措施得到有效执行，持续优化生产工艺，实现绿色生产。

二、制定绿色生产方案，明确绿色生产目标

分析现状，制定合理的绿色生产方案，确定节能减排的具体指标；结合国家政策及行业标准，设定符合实际的短期和长期目标；重点考虑资源利用效率、污染物排放、能耗降低等方面，确保目标科学合理。例如：设定单位产品能耗降低率、主要污染物排放减少比例等具体目标。

三、开展绿色生产考核

开展绿色生产考核，需制定考核标准，涵盖节能减排、资源循环利用等指标。实施时，通过现场审核，检查是否符合绿色生产要求，并根据考核结果对绿色生产进行评估和改进。

第十五章　工程质量（创优）成果总结

一、工程简介

工程基本情况介绍，重点包括：项目建设规模、投资额；项目建设理念及意义；设计先进性、创新性；突出的创新成果、绿色建造、施工质量特色；显著的经济和社会效益。字数限 1000 字以内。

二、工程特点及亮点总结

应涵盖工程设计和施工亮点，工程科技进步亮点，绿色建造亮点，经济社会效益亮点，以及其他方面亮点。总结字数限 3000 字以内。

（1）工程照片

每个工程提供 5 张以上能体现全貌和实际状况的照片，以及细部质量特色照片，并在每张照片下方标注题目。

（2）影像视频

视频要求 5 分钟，内容应包括七个方面：工程概况、设计理念先进性、工程难度及科技创新、绿色建造、实体质量亮点、获得荣誉、综合效益。

三、工程创新成果总结

建设、工程总承包、设计、监理、施工等单位创新成果总结的集合，字数不超过一万字。

四、工程实体质量亮点总结

总结工程实体质量特色、亮点，并阐述可借鉴、可推广的做法。

五、工程创优汇报

建设、工程总承包、设计、监理、施工等工作的总结。

六、合规合法性文件收集

合规合法性文件应包括的内容见表 15-1。

表 15-1 合规合法性文件

内容		备注
工程可评（研）报告或项目建议书		
工程报建批复文件	工程立项批复文件	批复时间： 批复单位：
	建设工程规划许可证	
	建设用地规划许可证	
	土地使用证	
	施工许可证	
	环评报告批复文件	
	工程质量评定文件	
工程专项竣工验收文件	规划	
	节能	
	环保	
	水土保持	
	消防	
	安全	
	职业卫生	
	档案	
工程总体竣工验收或备案文件		
工程竣工决算书或审计报告		
无安全质量事故证明文件		
无拖欠农民工工资证明文件		

七、质量（获奖）成果收集

获奖成果资料可参见表 15-2。

表 15-2 获奖成果资料表

序号	（获奖）成果名称	（获奖）成果单位
	化工建设工程质量评价 5A 级	
	省部级科技奖	

序号	（获奖）成果名称	（获奖）成果单位
	工法	
	专利	
	QC 成果	
	著作权	
	论文	
	……	

八、质量（创优）成果（奖项）申报策划

策划创优成果（奖项）申报表可参见表 15-3。

表 15-3　策划创优成果（奖项）申报

序号	创优成果（奖项）申报名称	申报单位	申报时间
	设计奖		
	设计水平评价		
	某某科技奖		
	某某工法		
	某某 QC 成果		
	化工建设工程质量水平评价		
	……		

第十六章　其他质量控制措施策划

　　其他质量控制措施策划，如安全文明施工、进度控制、成本控制、合同保证、资金保证等，可根据项目具体情况选择编制，也可单独编制，以保证项目的顺利进行。

附录 A　项目可行性研究阶段
质量策划案例

一、项目立项、建立项目组织机构

项目签订合同后应及时进行项目立项，首先确定项目经理，然后由项目经理在规定时间内完成项目团队组建工作。

控制要求：包括根据项目具体情况确定设计经理以及参与的设计专业和专业负责任人员，优先选用有经验且能满足本项目进度要求的专业负责人，然后由专业负责人配备本专业有经验的设计、校对和审核人员，完成项目团队组建工作。

二、合同研究

项目合同是项目执行最重要的依据，项目执行必须按合同约定的要求执行，也是质量保证的前提条件。因此，项目执行首先必须进行合同研究，合同研究的要点和要求如下：

① 合同文件的优先顺序
② 设计依据
③ 工作范围和合同工期
④ 业主方的技术要求及规定
⑤ 合同中规定的交付物
⑥ 保密要求
⑦ 其他要求

控制要求：合同研究应由项目经理主持、商务经理和设计经理协助，全部专业负责人参加，需逐条对应研究后落实，以便保证质量和进度。

三、外部设计输入评审

有效的外部设计输入是保障设计质量的前提，因此外部设计输入评审是保证设计质量的重要控制措施，具体控制要求如下：

项目经理/设计经理应负责组织收集相关外部资料，必要时组织现场考察，核实建厂条件，特别是老厂改扩建工程。

在项目开工会前，项目经理、设计经理应检查外部资料的完整性，并组织专业负责人对外部资料内容和深度的有效性、充分性进行评审，评审检查表参见附表 A-1。如外部资料有问题，应及时与业主沟通补充完善。

附表 A-1　可行性研究阶段外部设计输入评审检查表

序号	外部输入资料项	资料说明	是否提供/合格
1	项目概况	项目名称、建设单位情况、预留和发展规定、建设规模和项目任务、项目建设的必要性	
2	合同		
3	拟建项目选址情况	地理、用地范围、土地性质、项目选址意见、建设用地规划许可证等	
4	建设单位收集的拟建产品市场分析和行业产业政策		
5	专业协作协议	1）取水、排水、排洪、用电等协议；2）和本工程相关的文件、纪要、备忘录等	
6	项目需要执行的法律法规和标准规范要求		
7	地方环保、安全、规划等行政管理部门提出特殊要求		
8	气象、水文和地质资料		
9	邻近企业或消防站的情况		
10	电气、自控和电信情况及要求		
11	给排水条件和要求	水源情况、雨水、污水排放要求	
12	原料、燃料及产品情况	供给落实情况以及原料和燃料的定价等	
13	概算	当地工程造价资料及要求	
14	技术经济资料	资金筹措、财务评价的相关资料	

四、编制项目实施计划

项目经过前期组织机构建立、合同研究及外部设计输入准备工作后，可进入实质性可行性研究的编制阶段，为有效保证可行性研究报告阶段的顺利推进，应编制项目实施计划，对项目实施过程中的人力安排、进度安排、质量把控等进行规定。

五、确定工艺技术方案

项目可研阶段的工艺技术方案是可行性研究报告的技术基础，应重点把控，控制要求如下：

项目经理/设计经理应组织相关专业设计人员开展市场研究，必要时可委托专门的市场调研机构进行产品市场的调研，以便客观研判拟做产品的市场潜力；确定产品方案，对产品的工艺路线进行比选，提出主要生产方法、工厂规模及发展规划设想；估算主要原材料、燃料的年需求量；估计水、电、汽与其他动力的年需要量，辅助预计生产的规模；规划总图布置方案及全厂定员、生活福利设施等。须引进技术或使用其他专利所有者的技术或设备时，要深入了解这些技术、设备的来源和内容，必要时应参与技术交流与询价。

六、互提专业条件

设计专业互提条件实质是专业间信息的传递和共享，是项目可行性研究编制阶段重要的设计步骤，上游专业所提条件的质量直接决定下游专业的设计质量，因此专业互提条件必须按照相应专业的质量把控要求进行严格的校、审程序并签字后方可外发给下游专业。

七、投资估算和技术经济分析

投资估算和技术经济分析是可行性研究报告最为重要的研究内容之一，涉及项目经济可行性，因此应对其质量进行严格把控。

概算专业根据相关专业的条件进行投资估算。投资估算由固定资产投资、无形资产投资、其他投资、预备费、建设期贷款利息和铺底流动资金等组成，投资估算应不少于以上基本内容。

技术经济专业应按照投资估算结果给出综合评价结论。技术经济分析根据项目特点，至少包含以下内容：财务评价（含盈利能力、偿债能力和财务生存能力分析）、成本费用估算及分析、财务指标计算与效益分析、不确定性分析、国民经济评价等；

如有必要，可根据合同要求确定是否需要进行多方案的投资估算和技术经济分析，以便确定更为合理的可行性研究方案。

八、确定可行性研究的方案

选择技术可行、经济可行的可研方案是可行性研究报告的核心质量要求。为保证其质量，在执行完上述工作后，应由项目经理/设计经理组织相关人员对初步方案进行筛选，提出推荐方案，并组织相关人员进行方案审查，重点评审内容举例如下：

    ① 重大工艺技术方案

    ② 大型电气设备和工厂系统供电方案

    ③ 建筑物、构筑物地基处理方案

    ④ 管道材料等级

    ⑤ 中心控制室方案

    ⑥ 特殊动设备型式的选择方案

    ⑦ 污水处理、回用及零排放工艺方案及布置方案

    ⑧ 全厂供电系统主要接线及变电所设置

    ⑨ 工程建设投资

以上内容可根据项目内容进行增减。

九、成品文件编制

各专业应按照合同关于额定的深度要求编制成品文件或者执行 2005 年版《化工建设项目可行性研究报告内容和深度规定》。

十、成品文件校审

可行性研究报告成品文件的校对和审核，是保证可行性研究报告设计质量最为关键和直接的保证措施，各编制单位应严格按公司相关校审程序执行，并留下校审记录和签字备查。

十一、成品文件审查

为保证最终交付的可行性研究报告的质量，应由项目经理、设计经理组织公司内部专家对成品文件进行审查，经评审并经修改合格后交付业主方。

附录 B 工程地质勘察质量策划案例

一、质量控制流程图

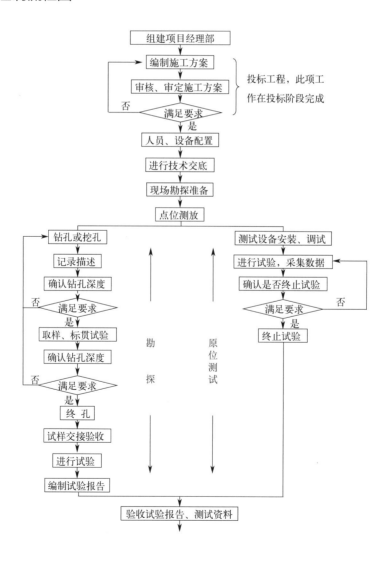

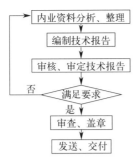

二、质量控制点及控制措施

质量控制点包括从签订合同到提交勘察报告存档的各个环节。例:

(1)合同措施

商务部负责组织合同签订,对合同的商务条款进行评审,落实各部门评审意见,并报上级进行审批。

技术质量部对技术要求、质量要求进行评审,使业主的要求能正确地转化为设计书、施工方案和图纸等。

工程管理部对工作量、施工组织、施工条件及工期进行评审。

设备材料部对施工设备能力进行评审。

(2)人员资格控制

工程管理部负责提名项目负责人、委派施工负责人,并对主要施工人员进行资格审查确认。

技术质量部负责委派项目技术负责人、质量负责人,并对其资格进行审查确认。

(3)勘察方案设计

项目技术负责人组织编制设计计划,设计前充分收集有关资料并经审核人确认有效后方可用于设计输入,勘察方案的编制应符合《工程勘察通用规范》(GB 55017)及工程勘测项目文件控制程序。

勘察方案编制完成后,由技术质量部组织审核人员进行评审,对提出的意见,由项目技术负责人进行修改,通过评审后,由审定人进行复审合格后批准。

在施工过程中,如需要对勘察方案或施工组织设计进行变更,须履行变更审批手续。

(4)设备配备

企业根据项目负责人的要求,配备本工程所需的施工设备、测试设备和试验设备,由项目负责人负责组织验收,确保施工设备处于完好状态,测试设备处于校准状态。设备使用前由设备使用人按有关规定进行检查。

(5)技术交底

施工前,由项目技术负责人向技术人员、测量人员、钻探人员和测试人员进行技术交底,明确技术要求包括钻探、井探工作量、钻孔类型、钻孔深度、取样、原位测试、室内试验要求以及注意事项和场地地质情况。技术人员应掌握工程技术要求，并做到在施工过程中能随时提出指导意见，进一步明确相应要求。

（6）测量定位

测量依据《工程测量通用规范》（GB 55018）及业主和设计单位提供的平面布置图进行。

由专业测量人员成立测量小组，负责本工程的施工控制测量和施工放线放样测量工作。根据业主单位给定的坐标点和高程控制点进行工程定位，按规定程序检查验收。

测量流程为：

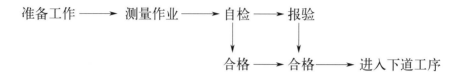

（7）开工

钻探班长或测试负责人提出开工申请，由项目负责人确认后批准开工。开工前的准备工作包括：

① 勘察方案已通过审批；

② 钻探测试任务和要求已明确；

③ 钻探方法已确定；

④ 勘探点位测放已完成；

⑤ 钻探、测试各岗位人员齐全；

⑥ 设备运转正常；

⑦ 对于影响安全、质量的现场环境已采取了防范措施。

（8）钻探取样施工及运输

钻探施工执行《建筑工程地质勘探与取样技术规程》（JGJ/T 87）。

项目技术负责人对钻探施工情况进行巡回检查，发现问题及时处理。

① 钻进

钻探工作应该根据勘探技术要求、地层类别、场地及环境条件，选择合适的钻机、钻具和钻进方法。

钻探操作人员应履行岗位职责，并应执行操作规程。

现场编录人员应详细记录、分析钻探过程和岩芯情况。

② 土样采取

根据场地土质情况选用适宜的取土器；采取土样前，班长负责对孔底残土进行清除。原状土样取出后，技术人员对土样质量进行检查，当天完工后，钻探班长负责将土样蜡封送试验室，试验室负责验收。

（9）原始记录

勘探记录应在勘探进行过程中同时完成，记录内容应包括岩土描述及钻进过程两个部分。现场岩土性质鉴别和记录应符合规范规程的要求。

勘探现场记录表的各栏均应按钻进回次逐项填写。当同一回次中发生变层时，应分行填写，不得将若干回次或若干层合并一行记录。

现场记录的内容，不得事后追记或转抄，误写之处可用横线划去在旁边更正，不得在原处涂抹修改。

现场控制原则：

① 钻探记录要一钻一记，分层描述，当同一钻进回次岩性有变化时还应分别记录；

② 钻探终孔后，技术人员和班长应在钻探记录相应位置上签字；

③ 技术人员每天按照钻孔记录对取得的土样进行核对后，将钻探记录交项目技术负责人；

④ 项目技术负责人对记录进行检查并和附近的记录进行校对。

（10）室内试验

土工试验执行《土工试验方法标准》（GB/T 50123）及相关作业文件。试验前，试验负责人向试验人员明确试验要求、试验方法和试验项目。试验负责人员对试验仪器进行检查，确保其处于校准和完好状态，发现问题及时报试验负责人处理。

试验负责人应检查试样制备，确保试样符合规定要求，开裂或受挤压的土样不得进行力学性质试验。试验负责人对各项目的试验结果进行检查验收，发现异常应要求重新试验。

试验负责人对交来的土样进行验收，对下列情况的原状土样不得接收：

① 试样标签不清，无法辨认；

② 未密封或密封不严密；

③ 试样标签内容不全；

④ 试样编号、深度及土名与项目单不一致或有重复者。

土样应分别存放，标明其试验状态，土样标签要保护好，防止混用、错用土样。

对原状土样和需保持天然湿度的扰动土样，试样制备完成后如不能立即试验，应将其放置于土样保存箱内。

试验期间，试验人员应按监视和测量设备控制程序对试验设备进行检查、使用和维护，发现试验设备偏离校准状态时，应确定失准范围，并对试验数据进行评价，必要时重新试验。

审核人对《土工试验结果报告》进行审核，包括土工试验记录、土工试验图表、各项指标值的符合性及各土样定名的符合性，通过审核后签字认可，不合格由试验负责人重新计算（定名）或重新试验，直至通过审核。

（11）资料整理和技术报告编制

技术人员对原始记录及试验报告进行整理、计算、绘制各种图件，各种计算和图件由校核人员校核，测试人员负责整理测试资料，提交测试成果报告。

项目技术负责人对计算结果和各种图件、成果报告进行验收；项目技术负责人按企业内部各自的相关控制程序文件要求编制技术报告。自检无误后送审核人审核。

审核人员对技术报告按照企业内部各自的相关控制程序文件进行全面审核，确保技术报告内容清晰、完整，结论和建议正确。通过审核后签字认可，否则根据审核人的意见，由项目技术负责人进行修改，直至通过审核。

在施工期间，审核人为了掌握施工现场情况，为审核准备依据，可随时到现场指导工作，了解情况。

通过审核后，由审定人对技术报告进行复评，通过后签字批准，否则由项目技术负责人依据审定意见进行修改。

当审定人和审核人意见不一致时，以审定人意见为准。

（12）质量记录管理

按照国家现行规定及企业程序文件要求，按期进行技术资料的收集、汇总、编目，由技术组资料员负责。

工程质量记录包括：各单项工程施工记录；工程质量检验评定；图纸会审记录、技术交底记录、安全交底记录；设计变更记录；计量管理记录；设备维修保养记录；施工日记及施工总结；纠正与预防措施记录、人员培训考核记录、文件和资料记录等。

对于勘察报告及其他需作为历史资料保存的，按国家和企业档案室的有关规定，分别送交有关档案室保存。

附录 C　质量检验、试验、检测计划案例

附表 C-1　工程原材料检验试验计划表（土建 / 安装）

单位工程	分部工程	使用部位	材料名称	取样依据	取样方法	检验项目	送检数量	备注
×××	地基与基础	基础及地梁	水泥	《通用硅酸盐水泥》（GB 175—2023）《混凝土结构工程施工质量验收规范》（GB 50204—2015）	组批：按同一厂家、同一品种、同一代号、同一强度等级、同一批号且连续进场的水泥，袋装不超过 200t 为一批，散装不超过 500t 为一批，每批抽样不应少于一次。取样：应具有代表性，可连续取，也可从 20 个以上的不同部分取等量样品，总量至少 12kg。	凝结时间、安定性、强度、碱含量（混凝土有抑制碱活性要求时）	1 组	
……					……			

附表 C-2　混凝土试块见证取样试验计划表（土建专业）

单位工程	分部工程	分项工程	代表工程部位	强度等级	取样依据	检验项目	试块留置组数　单位（组）					备注
							标养	同条件	抗渗	抗冻	拆模	
×××	地基与基础	混凝土工程	基础垫层	C15	GB 50204—2015	抗压强度						
……												

附表 C-3　砌筑砂浆试块取样试验计划表（土建专业）

单位工程	分部工程	分项工程	代表工程部位	强度等级	取样依据	检验项目	试块留置组数	备注
×××	主体工程	砌筑工程	一层墙体	M7.5	GB 50203—2011	抗压强度	1 组	
……								

附表 C-4　钢筋连接取样试验计划表（土建专业）

单位工程	分部工程	分项工程	代表工程部位	规格型号	取样依据	检验项目	连接形式	取样数量	备注
×××	主体工程	钢筋安装	基础顶 -EL5.0m 框架柱	HRB400E	JGJ 107—2016	抗拉强度	直螺纹连接	1 组	
......									

附表 C-5　（其他）工程施工质量检验试验计划表（土建专业）

单位工程	分部工程	分项工程	代表工程部位	取样名称	取样依据	检测项目	取样数量	备注
×××	地基与基础	预制桩	1-10 轴交 A-F 轴	桩基完整性检测	GB 50202—2018	桩身完整性	10 根	
×××	地基与基础	预制桩	1-10 轴交 A-F 轴	桩基承载力检测	GB 50202—2018	承载力	10 根	
×××	地基与基础	土方回填	−0.5m 至 −0.47m	土方试验	GB 50202—2018	击实度、（密）压实度	1 组	
......								

附表 C-6　工程结构实体质量安全与使用功能主要检测试验计划（建筑工程）

单位工程	分部工程	试验类别	代表工程部位	检测参数	取样依据	检测数量
×××	主体工程	实体质量	一层梁板	钢筋保护层厚度	GB 50204—2015	各抽梁板数量的 2% 且≥ 5 个，悬挑构件占比例≥ 50%，梁纵筋全检，板筋≥ 6 根。
×××	主体工程	实体质量	一层楼板、二层楼板、电梯井	墙、楼板厚度	GB 50204—2015	同一检验批，墙、板应按照有代表的自然间抽查 10%，且不少于 3 间。对大空间结构，墙可按相邻墙线间高度 5m 左右划分检查面，板可按纵、横轴线划分检查面，抽查 10%，且均不应少于 3 间；对电梯井，应全数检查。
×××	主体工程	实体质量	一层梁板柱	实体抗压强度	JGJ/T 23—2011	混凝土生产工艺、同等级、原材料、配比、养护条件基本一致且龄期相近的一批同类构件采用批量检测，随机抽查≥总数的 30% 且≥ 10 件当检验批构件数量 > 30 件时，抽样数量可适当调整。
×××	装饰装修	安全和使用功能	外墙	饰面砖的黏结强度	GB 50210—2018 JGJ/T 110—2017	同材料、工艺和施工条件的室外饰面板砖每 500 ～ 1000 m² 为一检验批，不足 500 m² 也为一检验批。
×××	装饰装修	安全和使用功能	门窗	气密性、空气渗透性、雨水渗漏性及平面变形性	GB 50210—2018	1. 同一品种类型规格的门窗每 100 樘或不足 100 樘为一检验批。 2. 同一品种类型规格的特种门每 50 樘或不足 50 樘为一检验批。每检验批抽查 5% 且≥ 3 樘，不足 3 樘全数检查；高层建筑的外窗，每检验批抽查≥ 10% 且≥ 6 樘，不足 6 樘全数检查。 3. 特种门每检验批抽查 50% 且≥ 10 樘，不足 10 樘全数检查。 4. 每品种类型和开启方式的外窗抽≥ 3 樘做气密。

单位工程	分部工程	试验类别	代表工程部位	检测参数	取样依据	检测数量
×××	节能分部	安全和使用功能	外墙保温	外墙节能	GB 50411—2019	同材料、工艺和施工条件的墙面每500-1000m² 为一检验批，不足 500 m² 也为一检验批，钻芯法检测，芯样直径≥ 70mm，一个单位工程每种保温做法取样≥ 3 个。
......						

附表 C-7　安装工程检验试验计划表（管道无损检测计划）

单位工程	管道编号	管道介质	施工标准/检测标准	材质	无损检测										热处理要求	管道级别
					对接接头				角接接头				支管连接接头			
					RT	合格级别	UT	合格级别	MT	合格级别	PT	合格级别	MT	合格级别	PT	合格级别		
×××	×××-×××-×××××××-××××××-×	高压火炬气	SH/T 3501 NB/T 47013	A671-CC60 CL32+ASME B36.10M	100	Ⅱ			100	Ⅱ			100	Ⅱ			—	SHB1/GC1
×××	×××-×××-×××××××-××××××-×	20%液碱	SH/T 3501 NB/T 47013	20# GB 3087	5%	Ⅲ											焊后热处理	SHA4/GC2
......																	

注：角接接头包括平焊法兰、承插焊、密封焊、半管箍与主管、补强圈与管子连接的焊接接头，以及垫板、支（吊）架与承压件连接的焊接接头等。

附表 C-8　安装工程检验试验计划表（设备无损检测计划）

单位工程	设备编号	设备名称	施工标准/检测标准	材质	检测方法	检测比例	单位（条）	热处理要求	无损检测数量	备注
×××	××××	液碱罐	GB 50128—2014 NB/T 47013—2015	06Cr19Ni10	RTⅢ级或UT Ⅱ级	纵缝 环缝 T字缝	60	—		
......										

附表 C-9　安装工程检验试验计划表（热处理、硬度检测计划）

单位工程	管道编号	管道介质	施工标准/检测标准	材质	焊口数	与管道支架焊接的管道支架数量	热处理	硬度检测数量	备注
×××	×××-××-××××××-×××××××-×	20%液碱	SH/T 3501—2021	20# GB 3087			全部	全部	有相应正式试验报告
……									

附表 C-10　安装工程检验试验计划表（钢结构检测计划）

单位工程	钢结构	施工标准/检测标准	材质	检测方法	检测比例	单位条（件）	检测数量	备注
×××	管廊钢结构焊缝	GB 50205—2020/GB/T 11345—2023	Q235B	UTⅡ级	20%			
	高强度螺栓连接副扭矩系数	GB 50205—2020/GB/T 1231—2006	10.9级	连接副扭矩系数复检	同一厂家、炉号、性能等级、材料、螺纹规格、长度（当螺栓长度≤100mm时，长度相差≤15mm；螺栓长度>100mm时，长度相差≤20mm，可视为同一长度）、机械加工、热处理工艺、表面处理工艺的螺栓为同批；同一厂家、炉号、性能等级、材料、螺纹规格、机械加工、热处理工艺、表面处理工艺的螺母为同批；同一厂家、炉号、性能等级、材料、规格、机械加工、热处理工艺、表面处理工艺的垫圈为同批；分别由同批螺栓、螺母、垫圈组成的连接副为同批连接副。同批高强螺栓连接副最大数量为3000套。	—	随机抽取，每批抽取8套。	大六角头螺栓
	高强度螺栓连接副紧固轴力	GB 50205—2020/GB/T 3632—2008	10.9级	连接副紧固轴力复检	同一厂家、炉号、性能等级、材料、螺纹规格、长度（当螺栓长度≤100mm时，长度相差≤15mm；螺栓长度>100mm时，长度相差≤20mm，可视为同一长度）、机械加工、热处理工艺、表面处理工艺的螺栓为同批；同一厂家、炉号、性能等级、材料、螺纹规格、机械加工、热处理工艺、表面处理工艺的螺母为同批；同一厂家、炉号、性能等级、材料、规格、机械加工、热处理工艺、表面处理工艺的垫圈为同批；分别由同批螺栓、螺母、垫圈组成的连接副为同批连接副。同批钢结构用扭剪型高强螺栓连接副最大数量为3000套。	—	随机抽取，每批抽取8套。	扭剪型高强度螺栓

单位工程	钢结构	施工标准/检测标准	材质	检测方法	检测比例	单位条（件）	检测数量	备注
	高强螺栓连接摩擦面	GB 50205—2020		抗滑移系数	可按分部工程（子分部工程）所含高强螺栓用量划分：每5万个高强度螺栓用量的钢结构为一批，不足5万个高强度螺栓用量的钢结构视为一批。选用两种及两种以上表面处理（含有涂层摩擦面）工艺时，每种处理工艺均需检验抗滑移系数。	—	试件与所代表的钢结构构件应为同一材质、同批制作、采用同一摩擦处理工艺和具有相同的表面状态，并应用同批同一性能等级的高强度螺栓连接副，在同一环境条件下存放。每批3组试件	

附表 C-11 安装工程检验试验计划表（工艺管道 PMI 检测计划）

单位工程	检测内容	材质	检测项目 PMI	抽检比例%	执行标准	设计量件/个/口	检测总量件/个/口	备注
×××	钢管	00Cr17Ni14M0214976	元素定量分析	10%	SH 3501—2021	每批进场检验（同炉批号、同材质、同规格）	×××	钢管
	管件	00Cr17Ni14M0214976	元素定量分析	10%	SH 3501—2021			管件
	法兰	06Cr19Ni10	元素定量分析	10%	SH 3501—2021			法兰
	螺栓/螺母	35CrMo/30CrMo	元素定量分析	10%	SH 3501—2021			螺栓/螺母
	焊缝	06Cr19Ni10	元素定量分析	100%	SH 3501—2021			焊缝

说明：执行标准请按设计图纸填写，规范明确要求的应出具正式检测报告，公司内部文件/标准检查计划可列入计划（只填写施工记录）。

附表 C-12 阀门安装工程检验试验计划表

单位工程	阀门	型号、材质、描述	检测比例	执行标准	检测内容	设计量	抽检数量	备注
×××	焊接阀门	标准抗拉强度下限值≥540MPa的钢材及铬钼合金钢坡口抽检	100%	SH 3501—2021 NB/T 47013—2015	磁粉或渗透无损检测			

单位工程	阀门	型号、材质、描述	检测比例	执行标准	检测内容	设计量	抽检数量	备注
		设计温度低于 −29℃的非奥氏体不锈钢坡口抽检	5%	SH 3501—2021 NB/T 47013—2015	磁粉或渗透无损检测			
		铬钼合金钢、含镍低温钢、不锈钢阀门	每批 10%，不少于 1 台	SH 3501—2021 SH 3518	阀体、阀盖及其连接螺栓主要合金元素验证性检验			
	闸阀	Z41w-10 DN300	100%	SH 3518	阀门试验（壳体试验、密封试验、上密封试验）			

附表 C-13　安装工程检验试验计划表（防腐专业检测计划）

单位工程	项目	部位	执行标准	设计要求	允许检测数值	检测比例	设计量	备注
×××	表面处理	地上／下管道、钢结构／设备	SH/T 3606—2011	除锈等级：Sa2.5	表面粗糙度：40~75μm			
	电火花检测	设备	SH/T 3606—2011	加强级		100%	2 台	
	电火花检测	消防水管	SH/T 3606—2011	加强级	3KV	每 20 根抽一根		环氧煤沥青
	……							

附表 C-14　安装工程检验试验计划表（电气专业检测计划）

单位工程	项目	施工标准／检测标准	检测部位	允许值	检验频率	备注
×××	接地电阻	GB/T 21431—2023，GB 50057—2010	配电器装置 A 类或配电变压器 B 类	≤4Ω		
	……					
	电缆：电力电缆试验	GB 50150—2016			每根电缆	
	……					
	电机：交流电动机试验	GB 50150—2016				
	……					
	电气配电盘＆开关：断路器试验	GB 50150—2016			每个断路器	

单位工程	项目	施工标准 / 检测标准	检测部位	允许值	检验频率	备注
	……					
	电气设备：电压互感器试验	GB 50150—2016			每台变压器	
	……					

附录 D   试车阶段质量策划案例

一、预试车阶段质量策划要点

（1）水系统冲洗

制定冲洗方案：根据水系统设计、材质、设备要求等因素，制定详细的冲洗方案，明确冲洗水源、水质标准、冲洗流速、冲洗时间、排放口设置等。

系统准备与隔离：确保水系统已安装完毕且经检验合格，所有临时设施（如盲板、短接等）已拆除或恢复原状。对不能参与冲洗的设备或部件进行有效隔离保护。

水质检测与处理：冲洗前对水源进行水质检测，确保满足冲洗要求。如有必要，进行水质预处理，如过滤、软化、除氧等。

分段冲洗与循环：对于大型或复杂的水系统，可采用分段冲洗方式，先冲洗主管道，再逐步扩展至支管和设备。保持一定的冲洗流速，使水流在系统中形成循环，确保各部位得到充分冲洗。

监测与记录：在冲洗过程中定期取样检测水质，观察排水口水质变化，直至达到预定的清洁度标准。记录冲洗过程参数（如压力、流量、时间等）及水质检测结果。

系统恢复与验收：冲洗合格后，关闭排水口，恢复正常运行状态。对系统进行全面检查，确认无泄漏、无残留污物。整理冲洗记录，编写冲洗报告，经相关部门审核批准后，方可投入使用。

（2）蒸汽管道吹扫

根据蒸汽管道的设计压力、温度、材质以及工艺要求，确定吹扫压力、吹扫次数、排放口设置等。

系统准备与隔离：确保蒸汽管道已安装完毕且经检验合格，所有临时设施已拆除或恢复原状。对不能承受吹扫压力的设备或部件进行有效隔离保护。

暖管与升压：缓慢引入蒸汽或空气，逐渐升温升压，使管道充分膨胀，同时检查管道及附件有无异常。

正式吹扫：达到预定吹扫压力后，快速开启排放阀，利用高速气流将管道内杂物吹出。重复进行多次吹扫，直至排出气体清洁无杂质。

监测与记录：在吹扫过程中密切关注管道压力、温度变化，检查排放口气体状况。记录吹扫过程参数及结果。

系统恢复与验收：吹扫合格后，关闭排放阀，恢复正常运行状态。对系统进行全面检查，确认无泄漏、无残留污物。整理吹扫记录，编写吹扫报告，经相关部门审核批准后，方可投入使用。

（3）工艺管道吹扫

根据工艺管道的特性（如介质、压力、温度、腐蚀性等），选择合适的吹扫介质（空气、惰性气体、工艺介质等），确定吹扫压力、吹扫次数、排放口设置等。

系统准备与隔离：确保工艺管道已安装完毕且经检验合格，所有临时设施已拆除或恢复原状。对不能承受吹扫压力的设备或部件进行有效隔离保护。

置换与预吹扫：如有必要，先用适当的介质置换管道内原有介质，再进行预吹扫，去除大部分杂质。

正式吹扫：达到预定吹扫压力后，快速开启排放阀，利用高速气流将管道内杂物吹出。重复进行多次吹扫，直至排出气体清洁无杂质。

监测与记录：在吹扫过程中密切关注管道压力、温度变化，检查排放口气体状况。记录吹扫过程参数及结果。

系统恢复与验收：吹扫合格后，关闭排放阀，恢复正常运行状态。对系统进行全面检查，确认无泄漏、无残留污物。整理吹扫记录，编写吹扫报告，经相关部门审核批准后，方可投入使用。

（4）润滑管道冲洗

根据润滑系统的设计、油品类型、设备要求等因素，选择合适的冲洗介质（通常是工作油或专用清洗油），确定冲洗流速、冲洗时间、排放口设置等。

系统准备与隔离：确保润滑管道已安装完毕且经检验合格，所有临时设施已拆除或恢复原状。对不能参与冲洗的设备或部件进行有效隔离保护。

循环冲洗：启动润滑泵，使冲洗介质在管道中循环流动，通过改变流向、提高流速等方式增强冲洗效果。定期更换冲洗介质，直至排出油液清澈无杂质。

监测与记录：在冲洗过程中定期取样检查油液清洁度，观察过滤器堵塞情况。记录冲洗过程参数（如压力、流量、时间等）及油液检测结果。

系统恢复与验收：冲洗合格后，更换为正式工作油，启动润滑系统进行短时间运行，检查各润滑点供油情况。对系统进行全面检查，确认无泄漏、无残留污物。整理冲洗记录，编写冲洗报告，经相关部门审核批准后，方可投入正常使用。

（5）设备管道化学清洗

根据设计要求对需要化学清洗的设备管道制定详细的冲洗方案，明确清洗范围、质量标准、清洗流程、清洗液体（碱洗、酸洗、有机溶剂）的回收与处置。

监测与记录：在化学清洗过程中密切关注设备管道清洗情况，记录清洗参数及结果。对化学清洗系统进行全面检查，确认无残留污物，清洗液体的回收与处置符合要求，整理记录，经相关部门审核批准后，方可投入使用。

（6）电气、仪表系统调试

电气、仪表系统调试应分别制定方案，明确调试回路、程序、标准、调试人员资格、计量器要求等。

调试过程要有施工人员、生产操作人员共同参与确认。

二、联动（冷）试车

制定联动试车方案：根据生产工艺流程及单机试车结果，编制联动试车方案，明确试车目的、范围、步骤、安全措施及应急响应预案。

系统检查与准备：对整个生产系统进行全面检查，包括设备连接、管道布置、阀门开关状态、电气控制系统等，确保各子系统处于良好状态并具备联动条件。

联动前模拟演练：通过模拟软件或现场操作方式，进行联动前的模拟演练，验证联动逻辑的正确性和可行性。

分段联动试车：将整个生产系统划分为若干个相对独立的区域或单元，进行分段联动试车。每个区域或单元试车合格后，再进行下一区域的联动试车。

全系统联动试车：在分段联动试车全部合格的基础上，进行全系统的联动试车。重点检查各子系统之间的协同工作性能、数据传输准确性及整体运行稳定性。

问题处理与优化：对于联动试车过程中发现的问题，及时进行分析和处理。针对系统瓶颈和潜在风险点，提出优化建议并实施。

组织相关部门进行验收，确认生产系统是否达到正式投产条件。

三、投料（热）试车

根据产品生产工艺要求及联动试车结果，编制投料试车方案，明确投料量、投料顺序、工艺参数控制范围及安全环保措施等。

原料准备与检验：准备所需的原材料，并进行质量检验和分析，确保原料符合生产要求。

投料前准备：检查生产设备、管道、阀门等是否处于良好状态；确认电气控制系统、仪表系统正常工作；设置好安全防护设施和应急处理装置。

小批量投料试车：先进行小批量投料试车，观察物料在生产过程中的流动情况、反应效果及产品质量等。根据试车结果调整工艺参数和操作方法。

大批量投料试车：在小批量投料试车成功的基础上，逐步增加投料量至正常生产水平。密切关注生产过程变化和产品质量波动情况，及时调整工艺参数和操作策略。

问题处理与持续改进：对于投料试车过程中出现的问题和不足之处，及时进行原因分析并采取有效措施加以解决。同时加大生产过程监控和管理力度，推动持续改进和优化工作。

附录 E　施工质量提升（创优）案例

一、细部做法策划

根据项目具体情况，按照专业分类、施工部位进行细部详细策划设计，明确细部做法及工艺要求。细部做法及工艺可参考附表 E-1。

附表 E-1　细部做法及工艺案例表

序号	施工内容	做法 / 工艺说明	图例
1	管托预制施工	1. 第一步打磨除锈，打磨距焊缝至少 25mm 范围，无油污锈垢、无毛刺。 2. 然后拼装组对和点焊。测量管托在型钢的位置，定位限位块在型钢上的位置。限位块与管托之间间距 3mm，并点焊固定。 3. 焊后必须清理熔渣和飞溅。 4. 焊缝外观检查：角焊缝焊脚尺寸不小于 8mm，满焊，符合要求	
2	管道岩棉保温及护套施工	1. 保温岩棉管壳安装：将 50mm 厚 6 的岩棉管壳套在管道上面；检查岩棉管壳的紧实度。 2. 确定扎捆间距，利用打包机用 AZM 钢带将岩棉进行捆扎及固定，检查扎带布置均匀性及外观规整度。 3. 安装管道 AZM 保护层管道保护层环向、纵向搭接均为 50mm，使用 316 自攻螺钉对 AZM 板进行固定，自攻丝之间的间距是 200mm，AZM 保护层安装后进行规整性检查	

二、常见质量问题和质量通病控制

分析研究项目常见质量问题，制定质量通病预防措施，并动态管理控制。示例见附表 E-2。

附表 E-2　常见质量问题及控制措施案例

序号	常见质量问题	控制措施	图　例
1	消防管道未注明系统管道名称和水流方向标识	消防架空管道外应刷红色油漆或涂红色环圈标志，并应注明管道名称和水流方向标识。如果是涂刷红色环圈标志，宽度不应小于 20m，间隔不宜大于 4m，在一个独立的单元内环圈不宜少于 2 处	
2	奥氏体不锈钢焊接接头焊接后未按设计文件规定进行酸洗与钝化处理	施工前技术人员对施工班组进行交底，明确各项技术要求。管道焊接完成后，进行焊缝酸洗钝化处理	

三、首件样板

根据项目实际创优创奖情况编写现场拟要做的样板工程及具体做法和实施管理，具体可参考附表 E-3。

附表 E-3　样板工程做法案例

序号	样板名称	样板做法说明	图例
1	钢结构基础验收	1.基础中轴线和基准标高标识。①基础观感质量良好，表面缺陷已打磨完成；②利用全站仪在基础上放出定位轴线做好标识；③使用水准仪测量标高。在基础下部放出三角标高标识。 2.基础和地脚螺栓中轴线和标高测量。①根据图纸对基础的轴线位置进行复测；②用卷尺测量基础外形尺寸；③使用水准仪检查地脚螺栓顶标高；④测量地脚螺栓垂直度；⑤根据标识的轴线使用钢尺校验地脚螺栓位置；⑥地脚螺栓保护	

序号	样板名称	样板做法说明	图例
2	设备垫铁找正	1. 设备基础的移交：土建基础移交前提供基础复测记录，安装单位根据基础移交记录进行复测，确保基础的标高误差为 0 到 -20mm，基础坐标误差 20mm，地脚螺栓标高允许误差 0 到 20mm，垂直度误差不大于 2mm 等要求符合设计图纸后进行最终的移交报验。 2. 基础凿毛：放置垫铁位置需要铲平，除了放置垫铁处以外凿出麻面，以 100mm×100mm 面积内有 3~5 个深度不小于 10mm 的麻点为宜。 3. 垫铁的布置：每一个地脚螺栓位置至少有一组垫铁，且垫铁组尽量靠近地脚螺栓；相邻两组垫铁之间，视设备底座刚性程度确定，其中心不大于 500mm；有加强筋的尽可能放在加强筋下方；垫铁组的高度宜为 30~80mm，每组垫铁不超过 5 块垫铁；每组垫铁下方应有平垫铁，放置平垫铁时，最后的放在下方，薄的放在中间，斜垫铁应成对使用，搭接长度不小于全长的 3/4	

四、样板引路

根据项目具体情况制定样板引路计划（见附表 E-4），明确样板项目的选取原则、实施步骤及预期成果。

附表 E-4　样板引路计划案例

序号	样板名称	工艺做法	验收标准	图例
1	钢结构样板	（1）钢结构材料喷砂防腐；（2）基础凿毛、铲垫铁窝及放置垫铁；（3）钢结构下料组对；（4）立柱安装找正；（5）横梁安装；（6）整体框架找正；（7）框架垫铁隐蔽灌浆；（8）螺栓终拧；（9）螺栓扭矩检查	GB 50205—2020 钢结构工程施工质量验收标准、SH/T 3607—2011 石油化工钢结构工程施工技术规程、SHT 3507—2011 石油化工钢结构工程施工质量验收规范、GB 50661—2011 钢结构焊接规范	
2	砌筑抹灰样板	（1）材料要求：砌块产品龄期不应小于 28 天，砖的品种、强度等级应符合设计要求。 （2）砌筑施工前，画好皮数杆，预留砌筑 60° 斜砖的高度，从顶部往下进行排版。 （3）确保砌体表面整洁、垂直度及平整度符合规范，灰缝平直、饱满，无砂浆污染现象	《建筑工程施工质量验收统一标准》GB 50300—2013、《砌体结构工程施工质量验收规范》GB 50203—2011	

附录 F　工程交付说明书策划案例

一、工程基本情况

对交付项目名称、地理位置、工程概况及组成进行总体说明。其中工程概况及组成应涵盖如下内容：

① 本工程所涉及的生产装置，如工艺装置、生产厂房、原料（产品、中间）罐区、装卸设施、全厂管廊等。

② 本工程所用原料每年／每小时加工量或主要产品每年／每小时产量，均可用来表示装置规模。还应说明规模所依据的年操作小时数以及操作弹性。

③ 本工程采用的主要工艺技术。

④ 本工程应分别说明装置在不同工况下的能力。

⑤ 本工程应列出各部分装置的名称，各部分产品产量，具体建设规模及产品方案表。

⑥ 本工程配套共用和辅助工程设施的名称、能力（负荷）。

⑦ 本工程装置总平面布局及道路系统。应说明本工程总平面布置的原则、功能分区等，并附全厂总平面图及功能分区图；说明本工程的道路形式、宽度、净空高度、转弯半径等设置情况；说明本工程出入口的设置情况及出入口的用途。

二、工程开竣工（交工）及备案信息

三、参建各方责任主体信息

建设、勘察、设计、监理、施工等相关单位名称，项目负责人姓名等信息。

四、主要专业分包单位信息

包括主要的专业分包、设备设施供应或安装单位、成套设备厂家、专利商等单位名称、项目负责人、售后服务电话等。

主要专业分包单位信息应列出本工程依托外部条件或设施情况，包括工程供水水源情况、供电电源情况、消防站和气防站等情况。

五、工程构成

应列出本工程项目主项一览表，并分别说明主项包含的工艺装置、公用工程装置、储运工程、基础设施、厂外工程等工程关键信息。

六、主要附图

主要附图包括但不限于以下内容：
① 工程所在场区的总平面布局图、道路交通组织图示意图；
② 工艺装置、公辅装置、储运设施设备布置平面图、立面图；
③ 系统工程、工艺管线布置平面图；
④ 全厂地下管线综合图；
⑤ 全厂供电线系统图；
⑥ 全厂控制系统图；
⑦ 全厂电信系统图；
⑧ 全厂管廊综合图。

七、主要影像

八、主要经济技术参数指标

九、主要分部分项工程、系统工程设计技术参数

明确结构设计主要参数，结构专业应说明各装置中主要建（构）筑物的结构特征。明确建筑工程的主要指标及做法。

十、主要经济技术指标

十一、节能、节水、节电、环保指标

应列出主要的节能、节水、节电、建筑节能、环保指标、绿色与清洁措施及指标。

十二、使用说明

（1）工艺装置使用说明

（2）公辅装置使用说明

包括电气工程使用说明、仪表及控制系统使用说明、设备使用说明、给排水使用说明、结构使用说明、建筑使用说明、暖通使用说明、消防使用说明、电信使用说明、装饰改造提示等。

对构配件改动、装饰装修、改造翻新等进行说明或提示，对不当装饰改造等提出免责声明。

十三、应急设施及处置提示

包括应急设备设施和应急处置说明。

十四、保修须知

应对工程质量保修书的合理使用进行提示，保修书约定不清的，可参照住建部房屋建筑工程质量保修书。提示建设工程办理交接手续时的验收注意事项、保修联系电话、相互责任和义务、保修程序等。保修范围及保修期限。

保修责任认定。对保修阶段出现的属于保修范围的质量问题予以明确，对不属于保修范围的相关条款予以明确。对可能存在的争议，提出解决途径或办法。

十五、运行维护

十六、压力容器维护

十七、检查维护

十八、监测和检测

（1）监测

对移交后在一定或长期使用期间仍将持续地监测进行说明或提示。包含监测点或监测设施的布置图、监测要求、保护要求、交付时测值/使用期间的初始测值、状态等。

（2）检测

按专业设备要求编写旬检、月检、季检、年检等周期性检测和维护保养要求。

（3）主要污染源和主要污染物监测

应列出本工程废气、废水、固废、噪声产生及排放情况。

十九、易损件清单

对使用过程中由于缺失、老化、变质等原因，可能导致重大隐患的部件，应对其整理、归类，建立清单，并提出针对性的维护要求。

二十、台账或记录

宜对运维单位提出建立健全设备设施的台账和维护、维修记录要求。